AF456915

MÉMOIRE

Sur la Mise en œuvre de tous les Métaux, dans le Département de LOIRE; *lieu que la Nature nous indique, pour surpasser, en qualité, les Marchandises du même genre que fabriquent les Anglais et les Allemands;*

ÉTABLISSEMENT *que présiderait une Compagnie de Négocians et d'Artistes, dont la réunion opérerait la restauration complette de toutes les Manufactures de France; et d'où résulteraient les changemens les plus avantageux à nos Armées de terre et de mer;*

1°. *Par l'uniformité la plus invariable dans la fabrication des Métaux qu'elles emploient;*

2°. *Par la diminution du poids énorme de notre Artillerie, particuliérement de celle de nos Vaisseaux, qu'elle écrase; Artillerie dont néanmoins on augmenterait beaucoup la solidité;*

3°. *Par la différence, au profit de l'État, des dépenses que la guerre occasionne.*

Présenté au DIRECTOIRE EXÉCUTIF, le 11 Prairial, 4e. Année Républicaine,

Par le Citoyen GUILLIAUD, Manufacturier à St. Étienne, et Négociant à Lyon.

JE SUIS HOMME ; RIEN DE CE QUI TOUCHE L'HUMANITÉ NE SAURAIT M'ÊTRE ÉTRANGER.

Maxime de TÉRENCE.

Voilà le code du Genre humain, le plus doux lien de la Sociét voilà le germe des vues les plus grandes, et des idées les plus sages.

LES hommes ne peuvent et ne doivent donc jamais être oubliés ; ne fait rien que pour eux, et c'est par eux que tout se fait. Le premi de ces deux points, mérite toute l'attention du Gouvernement ; le secon toute sa reconnaissance et toute son affection. A chaque instant, da chaque opération, les hommes se représentent sous différentes formes sous diverses dénominations ; mais ce principe n'échappe point au phil sophe qui gouverne ; il le saisit au milieu de toutes les modifications q le déguisent aux yeux du vulgaire. Que l'homme soit possesseur ou cult vateur, fabricant ou commerçant ; qu'il soit consommateur oisif, ou qu son oisiveté fournisse à la consommation ; qu'il gouverne ou qu'il so gouverné, c'est un homme : ce mot seul donne l'idée de tous les besoins et de tous les moyens d'y satisfaire.

MÉMOIRE

Sur les moyens de parvenir, avec la plus grande économie, à la perfection de tous les Ouvrages en Fer, Acier, Plomb, Etain et Cuivre, et principalement de ceux qui sont employés dans les constructions nautiques.

Projet d'établissement dans le Département de Loire, des premieres Manufactures du monde en ce genre.

Tout Citoyen doit à sa Patrie l'hommage de ses connaissances, et le tribut de ses talens : si ses vues tendent à la prospérité de l'Etat, il est bien sûr qu'elles seront accueillies; parce qu'un établissement utile, honore autant le Gouvernement paternel qui le protege, que l'Artiste éclairé qui en a conçu le plan.

La France ne fabriquait, il y a un siecle, que des Etoffes de laine grossiere; Wanrobais propose à Colbert d'élever des manufactures de Draperies fines; le Ministre sçut apprécier les avantages de cet établissement, lui prêta l'appui des trésors du Gouvernement, et bientôt la perfection des marchandises fabriquées fut portée au point que nos voisins ne rivaliserent plus avec nous.

C'est d'après d'aussi grandes vues que fut construit le Canal de Languedoc : le transport facile des draps légers de Carcassonne, les primes accordées à leur exportation, les firent prévaloir sur les Londrains dans tout le Levant; et cette branche précieuse de commerce, nous fut exclusivement dévolue.

Ainsi, pénétré de cette vérité, que l'immense population de la France ne permet pas à ses habitans de rester uniquement agricoles, le Ministre, en favorisant et perfectionnant les Manufactures, fesait refluer les trésors de l'étranger, facilitait des échanges avantageux, et fondait notre prépondérance en Europe.

La sollicitude du Gouvernement Français doit donc se porter sur les établissemens qui, par leur imperfection, sont au-dessous de ceux qui existent chez les autres peuples ; c'est en les vivifiant, en les recréant, pour ainsi dire, que nous parviendrons à faire rentrer le numéraire que les circonstances ont fait disparaître.

Les Manufactures Françaises excellent dans plusieurs genres ; mais ne doit-on pas s'étonner qu'avec autant de moyens, nous soyions encore si éloignés de la perfection que les Allemands et les Anglais donnent aux ouvrages en acier, fer et cuivre ? On se demande aussi, pourquoi les Anglais, qui n'ont jamais pu nous résister sur la terre, sont parvenus à s'arroger l'empire des mers ?

Le grand art de la navigation tient sans doute beaucoup à l'éducation des marins ; mais il faut encore y réunir la construction parfaite des bâtimens, les armer de la maniere la plus avantageuse ; et à cet égard, la protection du Gouvernement peut seule développer le génie des Artistes.

En m'élevant à la hauteur de nos ressources et du caractere français, je crois devoir présenter des vues qui offrent économie de bras, de tems, de fonds, perfection de travail et facilité d'exécution dans tous les ouvrages en acier, fer et cuivre, et principalement dans ceux qui sont nécessaires à la marine ; elles me paraissent de nature à nous donner les moyens de fabriquer, d'exporter les marchandises que nous importons de nos plus cruels ennemis, et à nous faire parvenir à la construction nautique la plus parfaite.

Pour remplir l'objet que je me propose, je vais exposer au Gouvernement des vérités qui démontreront combien il est nécessaire de prendre en considération les vues que je présenterai. Je suis convaincu moi-même, d'après les connaissances que m'a données l'expérience, que le seul moyen de perfectionner la marine, en ce qui touche la partie que je vais traiter, et de raviver en même-temps le Commerce et les Manufactures de quincailleries, est de former un établissement de forges et fonderies nationales, qui réponde à la majesté du Peuple Français, qui rivalise, par son utilité, tout ce que Birmingham a offert d'honorable à la nation Anglaise ; de le placer sur un sol désigné par la nature, habité par des hommes industrieux, et dans lequel on pourrait fabriquer avec des avantages incalculables, et que ne peuvent pas présenter les établissemens qui existent en ce genre ;

POUR LA MARINE NATIONALE.

1°. Toutes les parties de fer qui entrent dans la construction de toute espece de bâtimens, depuis le plus petit clou jusques à l'ancre, et sur des modeles uniformes, pour chaque navire construit indifféremment dans tous les ports.

2°. Tous les outils servant à la construction des bâtimens.

3°. Tout ce qui est nécessaire à leur armement; canons, pistolets, sabres, spingoles, pierriers, boulets, biscayens, balles de fer forgé, etc.

4°. Les planches et clous en cuivre pour les doublages.

5°. Des canons en fer forgé.

6°. Les planches de plomb laminé, et balles de même matiere.

7°. Tous les ferremens nécessaires à l'artillerie navale, et généralement tout ce qui serait objet de fonte et de forge.

POUR LA MARINE MARCHANDE.

Les mêmes objets ci-dessus désignés.

POUR LE COMMERCE.

Toutes les marchandises en quincailleries que nous avons eu la honte, jusqu'à ce jour, de tirer de l'étranger, en régularisant, économisant et perfectionnant la fabrication des marchandises qui s'établissent dans ce moment dans le Département de Loire.

Pour donner quelque ordre à la discussion dans laquelle je vais entrer, je la diviserai en 19 articles.

Dans le 1er, je parlerai des avantages naturels du Département de Loire pour y former les premieres Manufactures de l'Europe, en fer, acier, plomb, étain et cuivre.

Dans le 2e, de l'exploitation des mines du Département de Loire, et des changemens à y apporter.

Dans le 3e, je comparerai les travaux en forge du port de Toulon, avec ceux des Manufactures du Département de Loire.

Dans le 4e, j'indiquerai les seuls moyens de fabriquer d'aussi bons aciers que ceux d'Angleterre.

Dans le 5e, je prouverai combien il est intéressant de fabriquer toutes les pieces de fer qui entrent dans la confection d'un navire, sur des modeles uniformes pour chaque espece de bâtiment, construit indifféremment dans tous les ports.

Dans le 6e, j'établirai combien il est nécessaire de former un établissement d'ancre de fer forgé, dans le Département de Loire, pour le service des ports de la Méditerranée.

Dans le 7e, je ferai voir la possibilité et les avantages de former un établissement de canons en fer forgé, dans le Département de la Loire.

Dans le 8e, je démontrerai combien il est nécessaire d'établir des cilindres dans le Département de Loire, pour laminer les métaux.

Dans le 9e, je donnerai les moyens de remédier à l'insuffisance de la Loi sur les adjudications au rabais pour les objets compris dans ce Mémoire.

Dans le 10e, je rapporterai l'opinion du citoyen MONGE, pendant son ministere, sur les établissemens à former dans le Département de Loire.

Dans le 11e, je ferai le tableau de l'état actuel des Manufactures du Département de Loire; et l'on verra combien elles tendent à leur anéantissement, si le Gouvernement ne vient à leur secours.

Dans le 12e, je donnerai quelques vues politiques sur le Commerce, et les moyens qui me paraissent les plus propres à vivifier les Manufactures du Département de Loire.

Dans le 13e, je parlerai des loix qui dirigent les Manufactures Anglaises.

Dans le 14e, des avantages que nous donne la nature, pour nous élever au-dessus des Anglais, si le Gouvernement veut y coopérer.

Dans le 15e, je traiterai de l'organisation d'une Compagnie à former dans le Département de Loire, pour l'exécution de ce que je propose.

Dans le 16e, je désignerai les mesures qu'il convient de prendre pour faire évanouir la préférence que les Français accordent aux marchandises anglaises, et empêcher leur importation.

Dans le 17e, je parlerai de l'abus des privileges.

Dans le 18e, je ferai voir les rapports des Manufactures du Département de Loire, avec le commerce de France.

Dans le 19e, enfin, je prouverai combien est facile et économique l'exécution des projets que je propose.

Ce plan est vaste, sans doute; mais il n'en est que plus digne de la Nation à qui je le présente.

ARTICLE PREMIER.

AVANTAGES naturels du Département de Loire, pour y former les premieres Manufactures de l'Europe, en Fer, Acier, Plomb, Etain et Cuivre.

LA fabrication la moins étendue en France, est celle du fer, de l'acier et du cuivre ; St. Etienne est la seule Ville où il existe véritablement des manufactures en ce genre ; elle a dû, jusqu'à ce moment, cet avantage à sa seule position topographique. Assise sur des mines de charbon de terre, qui facilitent la fusion des métaux, elle est en France ce que *Birmingham* est en Angleterre, et *Remschied* en Allemagne.

Né à St. Etienne, fils de Manufacturier, depuis l'enfance, je me suis occupé de la fabrication des quincailleries ; et j'ose dire que si le Gouvernement avoit favorisé l'industrie laborieuse des habitans de cette Cité, et secondé sa position heureuse, en donnant à ses établissemens la perfection et l'extension dont ils sont susceptibles, ils auraient primé tous ceux de ce genre, et procuré des millions à la France.

Les manufactures du Département de Loire occupent un espace de douze lieues de longueur, sur deux ou trois de largeur ; St. Etienne en est le centre, et l'on y trouve les Villes et Villages de St. Martin-la-Plaine, Rivery, St. Genis-terre-Noire, Rive-de-Gier, St. Paul, d'Oizieux, Pavesin, Farnay, St. Julien, St. Chamond, Yzieux, Lavala, St. Jean, Sorbiers, Valfleury, St. Christot, St. Hean, Montaud, Outre-Furens, St. Genest-l'Herpt, Roche, Villars, St. Etienne, Valbenoite, Rochetaillée les Forges, la Grange-de-l'œuvre, la Riccamary, le Chambon, Firminy, St. Ferréol, Monistrol et St. Bonnet.

Cette surface est peuplée d'environ cent mille habitans, dont l'industrie se porte à réduire le fer, l'acier et le cuivre sous différentes formes ; ces fabriques suivent la ligne indiquée par la nature, puisque c'est précisément dans cette partie où se trouvent les riches mines de charbon de terre du Département ; tout semble concourir dans cette contrée à la formation des premieres fabriques connues.

Les rivieres de Gier, de Furens, du Chambon et de Cotatay qui la traversent, facilitent, par la rapidité de leur pente, le jeu d'une nombreuse quantité d'usines et d'artifices; la Saône y apporte, à très-peu de frais, les fers des Départemens du Jura, du Doubs, de Haute-Saône et Côte-d'Or; le Rhône répand avec économie les marchandises fabriquées dans la Méditerranée; la Loire dans l'Océan, et la jonction de ces deux fleuves est presque opérée par le canal de Rive-de-Gier.

Il existe dans le Département de Loire des mines de plomb, qui sont en exploitation; des carrieres de meules en pierre de grès, très-propres à polir le fer et l'acier. La nature des eaux qui coulent de quelques montagnes, ne permet pas de douter qu'elles ne contiennent des mines de fer; Wilkinson, artiste Anglais, qui a dirigé l'immense et très-inutile établissement du Creusot (*), en a découvert, il y a quelques années, très-près de St. Etienne.

Le Département de Rhône, qui touche celui de Loire, offre encore des mines de cuivre, qui ne sont éloignées de St. Etienne que de six lieues; le charbon de terre dessoufré est employé avec le plus grand succès à Chessy et St. Bel, où elles sont exploitées : nous verrons bientôt combien ce rapprochement peut être utile.

Avec de pareils avantages, il est déshonorant pour la nation Française, si accoutumée à vaincre tous les obstacles, d'être obligée d'im-

(*) Cet établissement avait pour objet d'affiner le fer avec du charbon de terre dessoufré. Il est malheureux pour la France que l'artiste chargé de cette construction, maître du choix de son emplacement, n'aie pas préféré le Département de Loire, qui lui offrait tant de ressources; il est inconcevable qu'il ait fixé ses travaux sur des mines de charbon de la plus mauvaise qualité, dans un lieu où il n'existe aucune riviere; ce qui la réduit à la ruineuse nécessité de faire jouer ses artifices à l'aide des pompes à feu, et à consumer ainsi, sans utilité, la plus grande partie du charbon qu'on y extrait. J'ai oui dire, en 1790, que cet établissement avoit déja coûté 17 millions; et le seul avantage qu'il présente par lui-même aujourd'hui, est de fournir des gueuses pour lester les navires. Si l'on avait employé sagement la douzieme partie de cette somme dans les Manufactures de St. Etienne, l'Etat en aurait obtenu les plus grands succès : cette vérité est si palpable, qu'on est tenté de croire que l'étranger qui était à la tête de cette entreprise, a voulu la faire échouer.

porter de ses ennemis, toutes les quincailleries fines ; et presque tous les outils qu'employent nos Artistes, depuis le burin jusqu'à la scie ; et sur-tout de ne pas en profiter, pour faire fabriquer avec économie et perfection, tous les objets utiles aux arsenaux.

ARTICLE II.

EXPLOITATION des mines de Charbon de terre du Département de Loire ; changemens à y apporter.

LES mines de charbon de terre du Département de Loire sont extrêmement riches ; les filons commencent à une très-petite distance de la surface du sol ; il y a déja plusieurs siecles qu'elles sont exploitées, mais sans aucune méthode.

On commence l'exploitation ; à 40 ou 50 pieds de profondeur, on l'abandonne ; et si on la reprend quelque temps après, c'est pour la continuer jusqu'à 100 ou 200 pieds au plus ; les propriétaires font à chaque instant de nouveaux puits, dans l'espoir qu'ils leur présenteront une extraction plus facile et plus lucrative. Les anciennes excavations étayées à grands frais, se remplissent des eaux pluviales, ainsi que les puits abandonnés ; de maniere que les Ouvriers parvenant, sans s'en appercevoir, à ces anciens travaux, se noient, ou sont écrasés par les écroulemens. Ces accidens sont très-fréquens ; et il y a peu d'années qu'un grand nombre des Mineurs périrent à-la-fois.

L'ancien Gouvernement avait cru remédier à cet inconvénient, en confiant exclusivement l'exploitation d'une partie de ces mines à des Compagnies ; mais ce privilege odieux, qui dépouillait les propriétaires, a ruiné les mines ; parce que les concessionnaires qui n'espéraient pas en jouir long-temps, ont cherché à en tirer tout le parti possible pour leur utilité particuliere, sans songer à l'intérêt public : ce ne serait qu'avec de très-grandes dépenses qu'on parviendrait à continuer aujourd'hui les exploitations qu'ils ont commencées (*).

(*) Le Gouvernement a toujours été trompé sur les mines du Forez. Un des Ministres de la République m'écrivoit dans une circonstance : « Je connais

Le secours des Compagnies n'est d'ailleurs nécessaire que lorsque l'incertitude de trouver des mines, ou leur profondeur, exigent des avances considérables ; mais je l'ai dit, dans le Département de Loire les masses sont à très-peu de profondeur, le Laboureur les découvre souvent avec le soc de sa charrue : il ne s'agit donc pas de trouver des mines, mais de les exploiter de la maniere la plus avantageuse pour l'Etat et le propriétaire ; pour remplir ce double objet, il faut que les propriétaires se réunissent pour faire les galeries d'écoulement, et les travaux communs à plusieurs puits, et que le Gouvernement surveille l'exploitation, pour qu'elle se fasse en grand et suivant les regles de l'art.

Il conviendrait donc de faire un réglement qui porterait :

1°. Que les mines du Département de Loire seront exploitées en grand, suivant les regles de l'art, et sous la direction d'un Ingénieur éclairé.

2°. Qu'il n'en sera exploité que la quantité nécessaire à la consommation.

3°. Que les mines ne seront point abandonnées que tout le charbon n'en soit extrait.

4°. Que les propriétaires des mines, qui sont dans le cas d'être exploitées en commun, seront tenus de former une association entr'eux, pour faire les travaux qui auront été prescrits, dont les conditions seront réglées à l'amiable ou par experts.

5°. Que dans le cas où l'un des propriétaires d'un fonds nécessaire à l'exploitation commune à plusieurs individus, ne voudrait pas s'y réunir, il lui sera payé une indemnité, qui sera aussi déterminée par les experts.

En faisant exécuter rigoureusement ce réglement, les mines de charbon du Département de Loire, qui sont de la plus haute importance, seront exploitées de la maniere la plus avantageuse, pour le présent et pour l'avenir, et les propriétés seront respectées.

» comme vous l'abondance, la richesse, et même la supérieure qualité du charbon » de terre des mines de St. Etienne ; je n'ignore pas que les produits en seraient » plus considérables, si la jalousie mal-entendue de quelques particuliers de » cette ville, n'avait pas anéanti les travaux faits par une Compagnie, qui avait » entrepris une grande exploitation de ces mines, dont tous les établissemens de » forge sur la Loire auraient profité, et dont l'utilité se serait fait sentir jusqu'à » Paris. » Or, il est de fait que les concessionnaires des mines de St. Etienne, n'ont jamais exploité en grand, ni suivant les regles de l'art, mais qu'ils ont toujours consulté leurs plus grands bénéfices.

ARTICLE III.

Les travaux en forge du port de Toulon, comparés avec ceux du Département de Loire.

Pour fixer les idées sur les avantages et la nécessité d'établir les forges de la marine dans le Département de Loire, il suffira de méditer avec impartialité, le tableau comparatif de l'organisation des forges du port de Toulon, avec celle des manufactures du ci-devant Forez.

Organisation des travaux en forge du port de Toulon.

Charbon.

Les charbons de terre que l'on employe à Toulon, y sont apportés du Département de Loire ; les frais de transport en décuplent le prix.

Pour s'assurer de la bonne qualité, on ne peut prendre d'autres précautions que de l'éprouver avant de le recevoir ; mais comme il manque souvent, il faut bien le prendre tel qu'il arrive.

Il est de vérité constante que ce fossile perd sa qualité dans le transport, qui se trouve souvent prolongé de 3 ou 4 mois, par la difficulté de la navigation à l'embouchure du Rhône. Le soleil, l'air et la pluie le décomposent au point qu'il n'est plus propre à souder le fer.

J'ai vu des momens où les travaux du port étaient arrêtés, parce que le charbon manquait, ou que

Organisation des manufactures du Département de Loire.

Charbon.

Le Charbon de terre n'est, dans aucun lieu de la France, aussi abondant, d'aussi bonne qualité, et à un prix aussi bas que dans le Département de Loire.

Rien ne peut balancer, aux yeux des connaisseurs, l'inappréciable avantage qu'a le Forgeur, d'employer ce combustible à la sortie de la mine, et d'en changer, lorsque celle où il se fournit ordinairement, en donne de moins bon ; car il arrive souvent que, dans la même mine, on trouve des bancs dont la qualité differe.

Mais si l'inconvénient d'employer du charbon d'une qualité médiocre ou mauvaise, se fait sentir dans les lieux mêmes de son

celui qui approvisionnait était de mauvaise qualité ; c'est principalement à cette raison, sur laquelle on n'a pas assez réfléchi jusqu'à ce jour, qu'il faut attribuer la défectuosité des ouvrages qui se fabriquent : une piece de forge casse à la premiere résistance, parce que les parties de fer qui la composent, ne sont point liées ensemble ; et cet accident funeste peut donner lieu, dans une tourmente, ou dans la chaleur d'une affaire, à des malheurs incalculables.

Fers.

Les fers employés à Toulon, sont tirés des mines de la Chaussade, et des ci-devant Provinces de Bourgogne et Franche-Comté ; la distance de la forge la plus rapprochée est au moins de cent lieues ; ce qui rend presqu'impossible l'assortiment complet, dans tous les tems, des diverses sortes de fers nécessaires aux travaux de la marine.

Les différens fournisseurs qui concourent à l'approvisionnement ; la multiplicité des personnes qui doivent donner leur avis pour constater un besoin, sont encore des motifs pour qu'il n'y soit ni promptement, ni utilement pourvu. C'est cependant là le plus grand vice qui puisse exister dans des forges nationales ou particulieres ; car en supposant que l'ouvrage à exécuter exige du fer rond, et que les ateliers en manquent, on est forcé d'arrondir sur l'enclume une barre de fer carrée ; mais si cette qualité

extraction, de quelle importance ne doit-il pas être, à cent lieues des mines, lorsque le charbon a été décomposé dans son transport, et que l'Ouvrier est dans l'impossibilité de s'en procurer de meilleur !

Fers.

Les Fabricans du Département de Loire sont si rapprochés des forges, qu'ils sont à portée d'y faire établir, et de s'y procurer toutes les especes de fer qui peuvent faciliter leur fabrication : leurs précautions à cet égard ne suffiraient pas encore ; mais il existe, dans les environs de St. Etienne, plusieurs martinets pour donner au fer et à l'acier toutes les dimensions possibles ; des fenderies pour diviser une barre de fer en quatre, comme en dix parties, et rendre chacune d'elles la plus propre à l'ouvrage auquel elle est destinée ; des molieres pour aiguiser et blanchir les ouvrages que l'on lime ailleurs, et enfin, plusieurs autres machines de détail du plus grand secours. Ainsi, tous les ouvrages qui s'y fabriquent, sont faits avec

ne s'y trouve pas, il faut recourir au fer plat, l'équarrir et l'arrondir au feu et à force de bras. Quelle dépense énorme cette opération n'occasionne-t-elle pas !

Cet inconvénient est d'autant plus sensible, qu'il se fabrique en France beaucoup d'échantillons de fers très-utiles au service de la marine, et qui sont méconnus dans nos ports. En examinant les ateliers, je me suis permis, dans une circonstance où je voyais faire un très-grand travail inutile, d'observer que si l'on prenait une barre de fer d'une autre dimension, l'ouvrage serait à moitié fait ; mais on me répondit que l'on n'avait jamais vu dans le port l'espece de fer que j'indiquais.

Ainsi, pour fabriquer les lames de fer propres à ferrer les têtes d'affûts, dont l'une des dispositions est quatre pouces de large sur une ligne d'épaisseur, on prenait une barre de fer de trois pouces de large sur six lignes d'épaisseur, et à force de bras, on l'élargissait d'un quart, et on en diminuait l'épaisseur de cinq sixiemes : de cette maniere, en employant beaucoup de temps, en consommant beaucoup de charbon, en perdant une partie de la matiere par le déchet, l'on n'obtenait encore qu'un ouvrage très-imparfait.

du fer qui leur est propre, et à l'aide de machines qui abregent et perfectionnent le travail ; et la concurrence y est si grande, que l'Ouvrier qui n'aurait pas toutes les facilités qu'exige son genre d'occupation, ne pourrait pas vivre du produit qu'il en retirerait.

Pour fabriquer des lames propres à ferrer des têtes d'affûts, avec les dimensions que je leur ai données, l'Ouvrier de St. Etienne prendrait une barre de fer, et après l'avoir fait rougir, la passerait entre deux cilindres que l'eau fait mouvoir, pour l'élargir, et diminuer l'épaisseur dans les proportions qu'on lui aurait demandées.

Ce travail est prompt, peu dispendieux, aussi régulier, aussi parfait qu'il est possible. Si l'on compare ce procédé simple à celui qu'on emploie à Toulon pour la même fabrication, il faut reconnaître l'esprit de perfection et d'économie qui dirige les Manufacturiers du Département de Loire.

Jusqu'au mois de Septembre 1793 (*v. s.*), tous les fers qui sont entrés au port de Toulon, étaient de premiere qualité ; le service sur ce point était extrêmement soigné ; mais il n'en a pas été de même des approvisionnemens qui ont été faits depuis ; l'ignorance ou le zele outré des personnes à qui le

Gouvernement a confié le droit de requérir, pendant le temps qu'a existé la loi du *Maximum*, a fait entrer dans les magasins beaucoup de fers dont les dimensions ne sont pas propres aux travaux de la marine, et dont partie est de la plus mauvaise qualité; j'en ai vu dans les magasins nationaux à Arles, connus sous le nom de fer de fenderies, qui n'étant pas malléables, ne sont pas susceptibles d'être forgés, et ne peuvent servir dans le commerce, après avoir passé à la fenderie, qu'à faire des clous dont l'espece demande des fers de cette qualité.

Enfin, il n'existe, dans les établissemens du port de Toulon, d'autres artifices qu'un petit martinet situé à Dardenne, à quelque distance de Toulon, dont le citoyen LEWAVASSEUR, chef des constructions d'artillerie, tire depuis quelque temps, le meilleur parti, mais qui est bien insuffisant aux opérations que nécessitent les différens genres de fabrications. On conçoit, d'après cela, que tous les ouvrages en fer se fabriquent à Toulon sur l'enclume, sans le secours d'aucune machine, très-souvent avec des échantillons de fers qui ne sont pas dans les dimensions requises, et quelquefois avec du charbon de mauvaise qualité. Si l'on ajoute à ces inconvéniens, le peu de soin que l'on apporte à s'assurer de la bonté du fer qui est employé, il en résulte évidemment que les ouvrages les plus chers, sont aussi les plus défectueux.

Régime des Ouvriers.

TOUS les travaux en forge du port de Toulon y sont organisés à la journée : l'Ouvrier, dont l'intelligence et l'activité ne sont pas récompensées, est donc sans ambition, et doit travailler le moins possible. L'habitude que j'ai de voir des manufactures et de juger ce qui convient le mieux aux Fabricans, m'a toujours fait condamner cette méthode, qui ne tend jamais à la perfection, et entraîne avec elle une espece de domesticité qui dégrade l'Homme. Mais en ne considérant même que l'intérêt pécuniaire du Gouvernement, je crois qu'il est

Régime des Ouvriers.

LES Ouvriers du Département de Loire sont tous habitans, et le plus grand nombre mariés; les enfans, à peine âgés de dix ans, y sont utiles; élevés dans le métier de leurs parens, ils acquerraient bientôt la plus grande habileté, si l'on consacrait à leur éducation des écoles gratuites relatives à leur état, et s'ils avaient l'aspect d'un grand établissement qui leur présenterait de parfaits modeles et de puissans motifs d'émulation.

Les Ouvriers du Département de Loire sont tous libres comme doivent l'être des Français; ils travail-

bien difficile d'établir une surveillance assez active pour contenir dans les bornes du devoir une si grande quantité d'Ouvriers. Les abus de toute espece qui s'introduisent dans ces ateliers sont tels, que l'Ouvrier le plus actif y devient bientôt indolent, et que lorsqu'il en sort pour travailler à son compte particulier, il ne peut plus se mettre au niveau de ceux qui se sont toujours assez estimés pour ne pas vendre leur temps.

Pour rendre ces vérités sensibles, je me bornerai à rapporter ce que j'ai vu dans un de nos ports.

La cloche qui appelle les Ouvriers au travail, sonne le matin pendant trois quarts d'heure; ils se rendent très-lentement dans leurs ateliers respectifs, pour être présens à l'appel nominal; à peine cet appel est-il fini, que la porte est assiégée par un grand nombre de ces Ouvriers, qui prétextent des affaires domestiques pour sortir; et quelle que soit la surveillance de la Gendarmerie et des Gardiens, ils ne peuvent réussir à les contenir.

L'heure du dîner est toujours marquée long-temps avant par la grande affluence des Ouvriers, qui attendent impatiemment le coup de cloche qui signale leur liberté; ils s'élancent alors avec tant d'impétuosité, qu'il est étonnant qu'il n'arrive pas de fréquens accidens.

Quoique ce tableau soit affligeant, les spectateurs s'égaient lorsqu'ils voyent la différence que produit la cloche sonnée à 7 heures du matin, et celle de midi.

Les Ouvriers forgeurs sont presque tous étrangers à la Ville de Toulon; la nécessité oblige d'en recevoir qui n'ont point de talens; le plus grand nombre ne s'engagent dans les ateliers nationaux, que parce qu'ils n'ont pas trouvé de l'ouvrage ailleurs : ne voulant pas s'y fixer, ils ne s'y attachent pas; et il en résulte que les travaux manquent d'ensemble comme de perfection.

lent chacun dans leur genre pour leur propre compte. Dans certaines parties, le Fabricant vend les matieres premieres; il lui commet des ouvrages qu'il refuse, s'ils ne sont pas bien fabriqués; dans d'autres, il remet son fer pesé à l'Ouvrier; le prix de fabrication et le déchet sont convenus; l'ouvrage fait se pese, et le compte est réglé.

De cette maniere, l'Ouvrier jouit de l'activité qu'il apporte à son travail, de l'économie qu'il a mise dans la fabrication, et du prix attaché à la perfection de son ouvrage. Ainsi, les talens honorés et récompensés, profitent à la Société, et concourent à la splendeur du commerce.

Economie.

Les dépenses inutiles qu'occasionnent les travaux organisés à Toulon, sont encore de beaucoup augmentées, par la quantité de fer qui se perd dans le port ; cet objet doit être d'un grand intérêt, car on en trouve, à chaque pas, sous les pieds, des morceaux de diverses formes, et principalement des grands clous de bord qui sont encore d'un bon service, et qui dans tous les cas pourraient être reforgés : ces morceaux de fer se mêlent parmi des sciures de bois, s'enfouissent dans la terre, sont perdus pour le Gouvernement et même pour la Societé.

Economie.

Dans les Manufactures du Département de Loire, les Ouvriers ramassent les plus petits morceaux d fer, et jusqu'à la poussiere de limaille ; ils en forment des lingot dans la terre glaise ; ainsi réunis ils se liquéfient au feu, et s'agglutinent ensemble ; on les porte ensuite sous le marteau, et il résult de cette opération une barre de fer qui sans avoir du corps, a cependan beaucoup de douceur, et s'emploi avec succès dans plusieurs ouvrages ; mais ces soins, dictés par l'intérêt personnel, doivent être secon dés par les machines et l'économi du feu, qui n'existent que dans l Département de Loire.

Les comparaisons que je viens de présenter, doivent faire sentir que même dans leur état actuel, les Manufactures du Département de Loire ont de très-grands avantages sur celles du port de Toulon.

ARTICLE IV.

Moyens de fabriquer d'aussi bons Aciers que ceux d'Angleterre.

Il est étonnant qu'avec des Ouvriers habiles, et des mines de fer auss riches que les nôtres, nous n'ayons pu parvenir en France à faire d bons aciers. J'ai lieu de croire que si les Manufacturiers avaient soign et soutenu leurs expériences, ils y auraient réussi.

Les meilleurs aciers que nous ayons sont ceux de Rives, dans le Département de l'Isere ; on n'en emploie presque pas d'autres à St. Etienne ces aciers sont naturels ; conséquemment pailleux, cendreux, et peu propres à faire de bons et beaux ouvrages.

Les diverses tentatives qui ont été faites jusqu'à ce jour, pour convertir en acier des barres de fer forgé, n'ont encore rien produit de parfait. Les Français ne mettent pas assez de persévérance dans les recherches utiles ; ils abandonnent trop vîte l'expérience dont le succès ne répond pas à leur attente : cette légéreté, et l'organisation générale du commerce, en France, sont certainement les seules causes des grands avantages qu'ont sur nous les Anglais, dans la fabrication de cette marchandise, dont l'importation nous coûte annuellement plus de trois millions.

Les Sociétés de commerce, en France, ne sont ordinairement composées que de deux ou trois personnes, qui ne peuvent pas réunir assez de moyens pour faire les sacrifices indispensablement attachés aux grandes entreprises ; de sorte que les frais d'un premier essai qui n'a pas réussi, étant à la charge des Entrepreneurs, ils se dégoûtent et abandonnent les recherches ultérieures, qui pourraient avoir plus de succès. En Angleterre il y a de grandes et riches associations de Négocians, qui par elles-mêmes ont beaucoup de ressources, et qui reçoivent encore, à la première découverte utile, des encouragemens et des secours du Gouvernement ; elles sont vulgairement connues sous les noms de *Compagnies des Cuivres rouges*, *Compagnies des Cuivres jaunes*, *des Plombs*, *des Etains*, etc.

C'est à ces grandes Compagnies, n'en doutons pas, que l'Angleterre doit la splendeur de son commerce, la perfection de ses manufactures, et particuliérement ses excellens aciers cémentés, les plus fins et les plus estimés de ceux qui sont connus en Europe.

Il est vrai qu'il existe en Angleterre des mines très-propres à faire des aciers naturels ; mais ces aciers sont moins bons que ceux qui sont cémentés ; d'ailleurs, leur fabrication consomme une très-grande quantité de charbon de bois, tandis que les fourneaux à cémentation se chauffent avec du charbon de terre ; ce qui est infiniment plus économique.

Les Anglais n'ayant point assez de fer pour alimenter leurs manufactures, et pourvoir aux besoins de leur marine, en tirent beaucoup de Suede : il faut croire qu'ils ont trouvé dans ces fers des qualités plus propres à la fabrication de l'acier, puisqu'ils les préferent aux leurs pour ce genre de travail.

La possibilité de convertir le fer en acier, n'est pas problématique ; elle est assez démontrée par le succès avec lequel elle s'effectue en Angleterre, en Italie et même en France (*). Il faut donc uniquement examiner si, avec nos fers, on peut faire des aciers qui égalent ceux d'Angleterre : je ne balance pas à me décider pour l'affirmative ; nous avons des fers de tant de qualités différentes, qu'il me paraît hors de doute qu'il n'y en ait de très-propres à former d'excellens aciers. Dans tous les cas, il est facile de se procurer des fers de Suede ; et il est de fait qu'en temps de paix ils arriveraient de Marseille à St. Etienne par le Rhône et le canal de Givors, et n'y seraient pas plus chers que les fers de France.

Je n'ai pas poussé mes expériences très-loin dans ce genre ; mais je puis dire que j'ai réussi, à différentes fois, à faire du très-bon acier avec du fer de peme, dans un fourneau qui ne pouvait en contenir qu'un quintal.

Les fourneaux employés dans ce moment en Angleterre pour convertir le fer en acier, en contiennent jusqu'à cent quintaux. Il serait imprudent sans doute de commencer par la construction de pareils fourneaux ; et c'est peut-être par cette raison que les entreprises que le Gouvernement a voulu faire en ce genre, n'ont pas réussi. Il me paraît plus sage de faire les essais avec des fourneaux qui ne contiennent que 8 à 10 quintaux de fer ; leur construction sera moins coûteuse, et les expériences nécessaires pour acquérir la perfection, pourront se répéter à moins de frais et plus souvent. Je pense même que ce dernier genre de fourneaux pourroit être préféré et jugé plus avantageux ; parce qu'il est de fait que la conversion en acier de cent quintaux de fer dans un seul fourneau, prend autant de temps que la même opération faite partiellement dans plusieurs ; et qu'en adoptant cette derniere méthode, la perte est bien moindre, si l'une des fournées ne réussit pas.

Les fabriques d'acier auront de bien plus grands succès dans le Département de Loire que par-tout ailleurs, vu la proximité des mines de charbon de terre, leur abondance et leur qualité ; elles seront aussi d'un bien plus grand secours. Quelque soin, en effet, que l'on apporte à la conversion du fer en acier, la même fournée donne de l'acier de plusieurs qualités ; parce que, sans doute, il n'est pas possible à l'ouvrier de porter le même

(*) Dans les premieres années de la révolution, il se consommait une si grande quantité d'acier pour fabriquer des lames de sabres, que souvent l'on ne pouvait pas s'en procurer. J'ai vu alors deux Fabricans de St. Etienne, forger des lames en fer, et les cémenter après. Cette opération réussissait quelquefois au point que les lames cémentées n'auraient pas cédé à celles d'Allemagne.

degré

degré de chaleur dans toutes les parties du fourneau : or, la consommation des aciers se trouvant rapprochée de leur fabrication, les Manufacturiers de St. Etienne étant dans le cas d'en employer de différentes qualités, en les séparant avec soin, chaque ouvrage sera fait avec celui qui lui est propre, sans qu'il soit besoin d'une nouvelle opération.

Si les aciers de premiere qualité sont indispensablement nécessaires à la perfection des manufactures ; si nos besoins en ce genre nécessitent une exportation de numéraire, qui nous est d'autant plus funeste, qu'elle enrichit nos ennemis ; si nous pouvons nous procurer d'excellens aciers en cémentant nos fers ou ceux de Suede, s'ils y sont plus propres, le Gouvernement ne doit pas balancer à protéger cette fabrication.

Mais si cette entreprise est au-dessus des moyens des particuliers ; si enfin une grande association de Négocians et Artistes est indispensablement nécessaire pour rendre à l'Etat cet important service, il faut, ainsi qu'en Angleterre, que le Gouvernement accueille la Compagnie qui se présentera, qu'il en provoque même la formation ; nous verrons bientôt qu'elle procurera encore de plus grands avantages.

ARTICLE V.

AVANTAGES de fabriquer toutes les pieces de fer qui entrent dans la confection d'un navire, sur des modeles uniformes pour chaque espece de bâtiment, construit indifféremment dans tous les ports.

FOURNISSEUR, pour la marine nationale, de différens articles en fer ouvré, j'ai été à portée de reconnaître l'imperfection et les vices de ceux qui s'y fabriquent ; mais l'inconvénient qui m'a le plus frappé dans les travaux actuels de la marine, est que chaque port a adopté des modeles et des dimensions particulieres pour les diverses parties de fer qui entrent dans la confection d'un navire ; cette méthode occasionne des imperfections, des retards et des dépenses considérables, lorsqu'il faut faire des réparations ou des remplacemens au navire d'un port qui se trouve dans un autre. Il est évident que l'Ouvrier trouve, dans ces circonstances, une occasion de se distraire ; qu'il perd beaucoup de temps pour aller prendre des mesures à bord, et construire des pieces conformes aux anciennes ; qu'il n'y réussit jamais parfaitement ; et que les frais qu'occasionne cette opération, sont décuples de ceux que coûterait la piece neuve. Si l'on rendait, au contraire, uniformes les différens objets qui en sont susceptibles, le vaisseau de Toulon trouverait à Brest des rechanges à volonté ; il en serait de même pour ceux de Brest et Rochefort, à l'Orient, à Toulon, aux Isles de l'Amérique et dans l'Inde, ainsi que dans tous les autres ports où nous avons des dépôts.

Il faut donc uniformer, autant qu'il est possible, les forges nationales, et les concentrer dans les lieux qui réunissent tous les moyens de leur donner avec économie, la plus grande activité et la plus grande perfection.

ARTICLE VI.

NÉCESSITÉ de former un établissement d'ancres de fer forgé, dans le Département de Loire, pour le service des ports de la Méditerranée.

IL est inconcevable que les Ministres de la guerre, sous l'ancien Gouvernement, ayent obtenu tant de succès dans les Manufactures de St. Etienne pour la perfection et le bas prix des armes à feu, et que ceux de la marine, qui auraient pu en obtenir de bien plus grands, à raison de l'importance de leurs besoins, ne s'en soient jamais occupés.

On ne conçoit pas non plus ce qui a pu déterminer l'établissement des forges de Cosne. Le peu de ténacité des ancres en fer coulé, les dangers auxquels ils exposaient les bâtimens, en ont fait abandonner l'usage. Lors donc qu'on a voulu se procurer des ancres en fer forgé, pourquoi n'a-t-on pas, en France, choisi le lieu qui réunissait le plus de moyens pour cette fabrication ?

Cet ouvrage est un des plus gros qu'on fasse avec le fer, et peut-être un de ceux qu'il importe le plus de bien forger, puisque le salut des bâtimens dépend souvent de sa perfection.

La fabrication des ancres consiste à souder des bandes de fer les unes sur les autres. Pour les établir de bonne qualité, il faut du bon fer, et sur-tout le meilleur charbon possible; celui qu'on emploie à Cosne est tiré encore du Département de Loire ; il éprouve conséquemment, dans son transport, la décomposition dont j'ai parlé ; et ici elle est bien plus funeste, puisqu'il y a nécessité d'avoir ce combustible de premiere qualité.

Cette vérité sera mieux sentie, quand on saura que le Forgeur ne peut pas toujours se promettre que la barre qu'il vient de souder, l'est parfaitement, et que si ce vice se répete plusieurs fois dans la fabrication de la masse, l'ancre peut rompre et mettre en danger, au premier coup de vent, le vaisseau qu'elle doit garantir.

Pour transporter à Toulon les ancres fabriquées à Cosne, il faut leur faire remonter la Loire jusqu'à Roanne ; c'est-à-dire, pendant 30 lieues ; les conduire ensuite par terre à Lyon, pour les embarquer sur le Rhône.

Le Département de Loire est, au contraire, situé au milieu de deux Fleuves qui facilitent le transport dans les deux Mers.

Enfin, la consommation du charbon de terre pour la fabrication des ancres, est si considérable, qu'il est facile de concevoir qu'en fabriquant dans le Forez des ancres de meilleure qualité, elles coûteraient beaucoup moins au Gouvernement : il n'y a donc pas à hésiter, au moins pour les besoins des ports de la Méditerranée, de former un établissement de ce genre dans le Département de la Loire.

Cet avis mérite peut-être quelque considération, puisque c'est celui d'un des hommes les plus éclairés dans l'administration de la marine, et dont je rendrai compte à l'article 10.

ARTICLE VII.

ETABLISSEMENT de Canons en fer forgé dans le Département de Loire.

LA fabrication des bouches à feu, a été jusqu'à ce jour imparfaite chez les différens peuples, quel que soit le mode qu'ils ont adopté. J'ai lu quelque part, que dans des temps reculés, il en avait été fabriqué avec des lames de fer, cerclées comme des tonneaux : ces premieres connaissances qui n'avaient point été perfectionnées, ont été absolument abandonnées, lorsqu'on est parvenu à fondre le fer et le cuivre.

On ne connait aujourdhui que deux especes de canons ; les uns sont composés de cuivre rouge avec un mélange d'étain ; on les appelle canons de bronze ; les autres sont en fer coulé, et on les appelle canons de fonte : les uns et les autres ont leurs défauts.

Si le cuivre rouge était employé seul, cette matiere n'aurait point assez de dureté, pour résister au traînement du boulet ; c'est par cette raison qu'on est obligé de l'allier avec de l'étain ; mais si ce mélange rend le cuivre plus dur, il devient aussi plus cassant et moins en état de résister à l'explosion de la poudre.

Les canons de bronze sont cependant préférables, sous tous les rapports, à ceux de fonte ; mais nous sommes si dépourvus des matieres qui entrent dans leur composition, que jusqu'à ce jour la marine nationale n'a pu en faire usage.

Tous les bâtimens sont armés avec des canons de fonte, dont l'un des plus grands défauts est de crever avec éclat ; ce qui répand une si grande terreur dans l'équipage, qu'on a vu des combats sur mer changer de face par un pareil accident.

On a fait plusieurs tentatives pour se procurer des canons plus parfaits, et qui réunissent la solidité à la légéreté ; ceux de fer forgé ont paru présenter tous ces avantages : voici les détails de l'expérience la plus satisfaisante qui ait été faite dans ce genre, et qui n'a réussi, sans doute, que parce qu'elle a été exécutée dans le lieu le plus propre à la chose.

Le citoyen Coqueret, Manufacturier à St. Etienne, qui a travaillé long-temps en Angleterre, qui peut rendre, par ses connaissances, des services bien importans à nos Manufactures, a fait exécuter à St. Etienne, en Pluviose de l'an 3e., une piece de canon en fer forgé, du calibre de 4, tournée et forée, du poids de deux quintaux ; il présenta cette piece au comité de Salut public, qui, le 29 du même mois, nomma des Commissaires pour en faire faire l'épreuve ; elle eut lieu le 5 Ventose, et il en fut dressé le procès-verbal le plus satisfaisant pour l'Artiste.

Le comité de Salut public prit un arrêté, le 23 Germinal suivant, qui autorisa le citoyen Coqueret à faire fabriquer quatorze pieces du calibre de 24, dont il avait le projet d'armer une corvette, qui ne porte ordinairement que du calibre de 8 ; il promit au citoyen Coqueret de lui fournir les fers nécessaires ; ce qui n'a pas été effectué, et la premiere piece est restée à moitié faite : d'où l'on peut conclure que cette entreprise est au-dessus des forces d'un particulier.

On s'attendra, sans doute, à une différence sensible dans le prix des premieres pieces à établir ; mais quand cette différence existerait, devrait-on s'y arrêter, si l'on examine les grands avantages que les nouveaux canons procureraient ?

Il est généralement reconnu, par les Auteurs les plus éclairés qui ont écrit sur l'artillerie de la marine, que celle qui est employée aujourd'hui, écrase les vaisseaux, et en abrege la durée. Les canons forgés, plus légers, plus tenaces, moins sujets aux accidens, fatigueront moins les bâtimens, et donneront plus de facilité à la manœuvre.

Si une partie de ces motifs a décidé l'usage des ancres en fer forgé, il n'y aurait pas à hésiter à préérer la même fabrication pour les canons ; lors même que le prix de ces nouvelles pieces augmenterait à-peu-près dans la même proportion ; je veux dire que si les ancres forgées sont de trois fois la valeur des ancres coulées, les canons forgés seront dans la même proportion à l'égard des canons coulés.

Cette différence de prix devrait-elle empêcher les progrès d'une découverte aussi utile ? et ne serait-elle pas compensée par l'avantage d'avoir une Artillerie infiniment plus solide et plus légere ?

Teissier de Norbec répond lui-même, que les navires, débarrassés du poids énorme de l'artillerie actuelle, dureraient une fois plus, et ne seraient pas si souvent sujets à des radoubs infiniment dispendieux. Mais si une des qualités de l'ancre est d'avoir un poids déterminé, soit que sa matiere soit en fer fondu, soit qu'elle soit en fer forgé, il n'en est pas de même du canon, qui trouve dans la ténacité du fer forgé, une légéreté qui en diminuant son poids, diminuera aussi sa valeur : c'est ce que je démontrerai bientôt, en fixant l'admiration de tous les Français, par des tableaux consolans.

Pour mettre mes Lecteurs dans le cas d'apprécier d'une maniere plus sensible, les services que rendront à notre marine, ces nouvelles bouches à feu, je vais leur présenter quelques tableaux du calcul des poids extraordinaires dont nos vaisseaux seront allégés.

La ténacité du fer coulé, est, suivant plusieurs Auteurs, de six fois moindre que celle du fer forgé. Voyons, d'après ces principes, l'économie du poids qui aura lieu sur un navire de 80 canons.

La 1re. Batterie est composée de 32 pieces de 36, qui pesent 7190, ensemble . . . . 230,080 l.

La 2e. . . . . 24 pieces de 24, idem . 5116, ensemble 122,784

La 3e. . . . . 24 pieces de 12, idem . 2995, ensemble 71,880

424,744 l.

Ce qui forme l'énorme poids de quatre cents vingt-quatre mille sept cents quarante-quatre livres, qui, comme je viens de le dire, est bien faite pour diminuer la durée d'un vaisseau. Quel doit être l'effet de la force de semblables masses, lorsqu'elles éprouvent le mouvement de recul, occasionné par l'effet de la poudre !

En diminuant les cinq-sixiemes de ce poids, il résultera que le même nombre de canons en fer forgé, ne peserait que . . . 70,790 l.

353,954 l.

Il y aura donc une diminution de poids, au soulagement de ce vaisseau, de trois cents cinquante-trois mille neuf cents cinquante-quatre livres.

Au moment où la fabrication sera assez parfaite pour pouvoir fabriquer des canons aussi légers que nous venons de l'établir, il y aurait, pour l'Etat et pour le commerce, une économie considérable de fonte de fer. Il est généralement reconnu que, pour faire un millier de fer en barre, il faut 1500 l. de fonte ; et en supposant que la fabrication des canons occasionnât un déchet de 20 p $\frac{0}{0}$, voyons l'économie de matiere qu'on peut espérer.

Les 80 canons en fer forgé, pesent . . . . 70,790 l.
Ajoutons-y un quart, pour déchet de fabrication 17,697

88,487 l.

Ajoutons moitié pour la fabrication de la gueuse, en bandes de fer, 44,243

132,730 l.

Il résulte que la matiere totale, employée aux 80 canons en fer forgé, ne s'éleverait qu'à cent trente-deux mille sept cents trente liv. Portons ce poids en soustraction de celui des 80 canons en fer fondu.

Les 80 canons en fer fondu, pesent . . . . 424,744 l.
Les 80 canons en fer forgé, y compris tous les déchets de fabrication 132,730

292,014 l.

La France fera donc, sur chaque vaisseau de 80 canons, une économie de fer fondu, de deux cents quatre-vingt-douze mille quatorze livres, qui diminuera considérablement le prix des nouveaux canons, et fera d'autant pencher la balance générale du commerce en notre faveur, par les fers que nous tirerons de moins de Suede et de Russie.

Quoique je pense que la force du fer forgé, présumée par divers Auteurs, ne soit point exagérée, je crois cependant qu'il ne serait pas prudent, avant d'avoir acquis la perfection qu'exige la fabrication, de le fixer sur la base qui donne au fer forgé six fois plus de ténacité qu'au fer fondu.

D'après les calculs faits sur la piece de 4 dont j'ai parlé, son auteur croit, et je pense qu'on devrait d'abord fixer le poids des pieces comme ci-après, sauf à le diminuer, à fur et mesure des progrès de l'art, dans la fabrication de cette nouvelle artillerie;

SAVOIR:

Les pieces du calibre de 4, à 200.
Idem, du calibre de 8, à 400.
Idem, du calibre de 12, à 800.
Idem, du calibre de 16, à 1150.
Idem, du calibre de 26, à 1500.
Idem, du calibre de 36, à 2200.
Idem, du calibre de 48, à 3000.

Voyons, d'après ces nouvelles bases, à combien se porterait la réduction du poids.

Je viens d'établir que les trois batteries d'un navire de 80 pieces de canon en fer coulé, pesaient ensemble . . . . 424,744 l.

32 pieces de 36 en fer forgé,	2200 l.	. 70,400		
24 pieces de 24 idem	1500 l.	. 36,000	}	. 125,600 l.
24 pieces de 12 idem	800 l.	. 19,200		
				299,144 l.

Il résultera donc encore, en calculant au plus fort le poids des canons en fer forgé, une diminution de deux cents quatre-vingt-dix-neuf mille cent quarante-quatre livres.

Examinons maintenant quel avantage il nous restera, en augmentant le calibre de chaque batterie, de douze livres de plus; en portant, par exemple, la premiere, de 36 à 48; le seconde, de 24 à 36; la troisieme, de 12 à 24.

EXEMPLE.

Pour la 1re. Batterie, 32 pieces de canon en fer coulé, de 36 peseront, comme nous l'avons déja dit, ... 230,080 l.

Pour la 2e. . . . 24 pieces idem de 24 peseront 122,784

Pour la 3e. . . . 24 pieces idem de 12 peseront 71,880

424,744 l.

Pour la 1re. Bate. 32 pieces en fer forgé, de 48, à 3000 . 96,000
Pour la 2e. Bate. 24 pieces idem de 36, à 2200 . 52,800 } 184,800
Pour la 3e. Bate. 24 pieces idem de 24, à 1500 . 36,000

239,944 l.

Il résulte donc, enfin, un moindre poids de deux cents trente-neuf mille neuf cents quarante-quatre livres dans le poids total des masses, calculé au plus fort; et une augmentation dans leurs effets de 12 livres de plus aux boulets de chaque batterie.

Pour réunir ces deux avantages, et les rendre plus sensibles, je vais en présenter un tableau plus rapproché.

	Piece de Canon.	Calibre.	Poids.	Différence du poids.	Résultat de la comparaison.
1re. Batterie.	En fer coulé. En fer forgé	de 36 de 48	7190 3000	4190	Cette Piece portera des boulets d'un poids d'un tiers en sus, et elle pesera 4190 l. de moins.

	Piece de Canon.	Calibre.	Poids.	Différence du poids.	Résultat de la comparaison.
2e. Batterie.	En fer coulé En fer forgé	de 24 de 36	5116 2200	2916	Les canons de cette Batterie porteront des boulets d'un poids de moitié en sus, et peseront chacun 2916 l. de moins.

	Piece de Canon.	Calibre.	Poids.	Différence du poids.	Résultat de la comparaison.
3e. Batterie.	En fer coulé En fer forgé	de 12 de 24	2995 1500	1495	Cette Batterie sera composée de canons qui porteront des boulets d'un poids double, et qui peseront chacun, à 5 l. près, moitié moins que ceux en fer coulé

Le

Le poids des canons en fer forgé, porté au tableau ci-contre, est calculé au plus fort. Je vais retracer ce même tableau, en donnant aux canons la légéreté où ils pourront être portés par la perfection de la fabrication, en la fixant d'après la différence établie de la ténacité entre le fer forgé et le fer fondu.

Batteries.	Piece de canon.	Calibre.	Poids.	Différence du poids.	Résultat.
1re. Batt.	En fer coulé, En fer forgé,	de 36 de 48	7190 1560	5530	Chaque canon de cette batterie portera un boulet du poids du tiers en sus, et pesera 5530 liv. moins.
2e. Batte.	En fer coulé, En fer forgé,	de 24 de 36	5116 1200	3916	Chaque canon de cette batterie pesera 3916 l. moins, et portera un boulet du poids de moitié en sus plus pesant.
3e. Batt.	En fer coulé, En fer forgé,	de 12 de 24	2995 853	2142	Chaque canon de cette batterie pesera 2142 l. moins, et portera un boulet du double plus pesant.

Je ne crois pas exagérer, en fixant le prix des canons en fer fondu, à 40# le quintal, et celui des canons en fer forgé, à 30s. la livre ; prix auquel je m'engagerais à les fournir. Voyons, d'après ces bases, l'économie que ferait l'Etat sur le prix des 80 pieces de canon, qui jusqu'ici nous ont servi d'exemple.

J'ai dit plus haut, que ces 80 canons en fer fondu, pesent ensemble 424,744 liv. ; à 40# le quintal, cela forme une somme de . . . . 169,887# 12 s.

J'ai pareillement dit que ces mêmes canons en fer forgé, ne peseraient que 70,790 liv. ; à 150# le quintal, cela fait . 106,186#

63,702# 12 s.

Il résulterait donc une économie de soixante-trois mille sept cents deux liv. douze s., à ajouter à tous les autres avantages précités.

Voyons maintenant quel serait le résultat de l'artillerie en bronze, nécessaire à une armée de cinquante mille hommes, comparée avec le même nombre de pieces en fer forgé.

TABLEAU du nombre, du poids et du prix des bouches à feu en bronze; tant en exercice qu'en réserve, nécessaires à une Armée de 50 mille hommes, ou de cent Bataillons.

Nombre des pieces.	Calibre.	Poids d'une piece.	Total du poids.	Prix d'une piece.	Montant total.
En exercice.					
200	de 4	600	120,000	1367 l.	273,400 l.
En réserve.					
40	de 12	1800	72,000	3300	132,000
88	de 8	1200	105,600	2409	211,992
50	de 4	600	30,000	1367	68,350
378			327,600		685,742 l.

TABLEAU du poids et du prix, calculé au plus fort, des bouches à feu en fer forgé, tant en exercice qu'en réserve, nécessaires à une Armée de 50 mille hommes, ou de cent Bataillons.

Nombre des pieces.	Calibre.	Poids d'une piece.	Total du poids.	Prix d'une piece.	Montant total.
En exercice.					
200	de 4	200	40,000	300 l.	60,000 l.
En réserve.					
40	de 12	600	24,000	900	36,000
88	de 8	400	35,200	600	52,800
50	de 4	200	10,000	300	15,000
378			109,200		163,800 l.

Total du poids de 378 pieces en bronze,	327,600.	Total de leur valeur, . .	685,742 l.
Total du poids de 378 pieces en fer forgé,	109,200.	Total de leur valeur, . .	163,800
Différence sur le poids,	218,400.	Economie sur le prix, . .	521,942 l.

Nous avons en France douze cents mille hommes sur pied; je vais multiplier les deux résultats ci-dessus par vingt-quatre.

Ci	24	24
	873,600.	2,087,768.
	436,800.	10,438,84.
	5,241,600.	12,526,608.

Il résulte de ces comparaisons, que sur les pieces d'artillerie, nécessaires à une armée de douze cents mille hommes, l'on aurait à traîner et manoeuvrer un poids de cinq millions deux cents quarante-un mille six cents livres de moins, et l'Etat ferait une économie de douze millions cinq cents vingt-six mille six cents huit livres, en especes métalliques. Si l'on ajoute à cette économie celle des hommes et des chevaux qu'il faudra de moins, pour les transports et manoeuvres de cette nouvelle artillerie; celle que l'on fera sur la construction des trains; enfin, celle qui se fera sur l'artillerie de la marine, et sur toutes les pieces de forge qui entrent dans la composition d'un navire, on obtiendra, sans exagération, un bénéfice à l'avantage de la Nation, de cinquante millions au moins par année, en temps de guerre. Cette consolante économie s'augmente de beaucoup encore, par l'inappréciable avantage de posséder chez nous-mêmes, les matieres premieres de cette nouvelle artillerie, et de n'être plus obligés, ainsi que nous l'avons fait jusqu'à ce jour, de tirer pour cet objet, des étains d'Angleterre, des cuivres de Suede, de Hongrie, et des Echelles du Levant.

Je me trompe, ou le Lecteur, en comparant ces divers résultats, sera frappé d'un sentiment de surprise, de douleur et d'espérance; il se demandera comment on a pu tenir si long-temps à l'ancienne artillerie que je dénonce; il gémira de l'influence malheureuse qu'elle a nécessairement eue sur nos opérations maritimes; et, certain des avantages de la nouvelle artillerie, il unira ses voeux aux miens, pour que le Gouvernement hâte l'époque où nos armées de terre et de mer en feront usage.

Il résulte de ce que j'ai dit, que les canons de fer forgé réunissent tous les avantages que l'on peut désirer, puisqu'ils exigent une quantité de matiere beaucoup moins considérable, crevent rarement, et sur-tout n'éclatent jamais; qu'ils résistent mieux à l'explosion de la poudre, et donnent de plus grandes portées que ceux de fonte; qu'ils exigent moins d'hommes pour les servir; qu'ils fatiguent moins les bâtimens, en diminuant considérablement les frais de radoub, et qu'enfin on peut les armer avec des canons de plus gros calibres.

Un Auteur célebre, qui a écrit sur cette matiere, est d'avis que l'on doit multiplier dans plusieurs lieux, les établissemens de ce genre : je ne pense pas comme lui. Le Département de Loire me parait seul réunir tous les moyens de fabrication; car, je ne cesserai de le dire, pour souder le fer, il faut le meilleur charbon possible ; parce qu'une chaude imparfaite, ou mauvaise soudure, peut faire périr une piece à la premiere épreuve. D'ailleurs, il est constaté par l'expérience, que les établissemens en grand, qui exigent d'abord des dépenses considérables, et ruineuses pour de petits établissemens, donnent, avec le temps, beaucoup plus d'économie et de perfection dans la fabrication.

Tous les Peuples de l'Europe cherchent, depuis long-temps, à se procurer des canons plus propres au service ; l'Espagne, sur-tout, a déja fait des essais heureux sur les canons forgés ; ce qui doit faire craindre que tôt ou tard, ce genre de bouche à feu ne soit généralement adopté. Pourquoi ne serions-nous pas les premiers à profiter des avantages qu'ils doivent procurer ? N'aurions-nous pas des reproches à nous faire si, avec tous les moyens que la nature nous a prodigués, et refusés à nos ennemis, nous les laissions cependant s'en saisir les premiers ?

Pour donner plus de force à ce que j'ai dit, je vais rapporter quelques paragraphes de la description de l'art de fabriquer les canons, par Gaspard MONGE, un de nos plus savans ouvrages en ce genre, et le dernier écrit.

« Le fer forgé, par sa ténacité, et par sa légéreté, est, de tous les » métaux, celui qui sera le plus propre à la confection des bouches à feu ; » sur-tout lorsqu'il n'a aucune des mauvaises qualités d'être cassant à » chaud ou à froid ; car, dans le premier cas, il serait trop diffibile à » forger ; et dans le second, il ne serait pas susceptible d'une aussi grande » résistance à l'explosion de la poudre. C'est lui qu'on emploie pour tous » les canons de fusil, et on s'en est servi long-temps pour des grosses » pieces d'artillerie.

» Il y a encore dans ce moment, sur les remparts de Narbonne, deux » anciennes pieces composées de barres en long, et de cercles en travers, » le tout soudé ensemble. L'état d'abandon dans lequel on les a laissées » depuis long-temps, ne les a pas beaucoup altérées ; la rouille a seule» ment attaqué un peu plus fortement les joints, par lesquels les différentes » parties sont soudées les unes aux autres, et les a rendus plus sensibles. » Il est probable que si, à l'époque où ces pieces ont été fabriquées, les » arts eussent été portés au point où ils sont maintenant, elles seraient » encore capables d'un bon service.

» Dans ces derniers temps, on a fait de nouvelles tentatives à cet égard, » tant en France qu'en Espagne, et tous ces essais ont été couronnés des » plus heureux succès. Mais, d'une part, la dépense considérable dans

» laquelle entraînerait l'emploi du fer forgé, pour les pieces de grosse ar- » tillerie, tant à cause du prix de la matiere, qu'à cause des soins qu'exi- » gerait la fabrication ; et de l'autre, l'énorme consommation des canons, » ont forcé, jusqu'à ce jour, à avoir recours à des procédés plus expé- » ditifs et moins dispendieux, et d'employer à cet égard le fer coulé.

» Comme la ténacité du fer coulé est cinq à six fois moindre que celle » du fer forgé, on est obligé de donner aux pieces de même calibre, des » dimensions beaucoup plus fortes qu'on ne ferait, si elles étaient en fer » forgé ; ce qui charge les bâtimens de mer d'un poids inutile. On a lieu » d'espérer que le zele des Républicains, et les connaissances en tous » genres qu'il est temps enfin, de rendre populaires, nous mettront incessam- » ment en état de surmonter toutes les difficultés qui jusqu'ici ont retardé » l'emploi du fer forgé pour la fabrication des pieces de grosse artillerie, tant » pour le service de la marine, que pour celui de l'artillerie de terre. »

J'ai pensé long-temps, comme le citoyen MONGE, que le prix des canons en fer forgé, serait toujours un grand obstacle à ce qu'on pût en généraliser l'emploi, malgré les grands avantages qu'ils doivent procurer. Mes connaissances, acquises par une longue expérience dans la fabrication du fer, et des méditations profondes et suivies, ont seules pû me convaincre du contraire, et me déterminer à présenter les résultats contenus dans cet article.

Les avantages qui résulteront de la fabrication des canons en fer forgé, ne se borneront donc pas seulement à l'artillerie de la marine ; ils s'étendront encore à l'artillerie de terre, par la facilité qu'on aura d'augmenter beaucoup le calibre des pieces de siege, et de diminuer le poids de l'artillerie volante, ainsi que celui des pieces de campagne, dont le service alors exigeant un nombre moins considérable d'hommes et de chevaux, se ferait avec plus d'aisance, d'économie et de célérité.

Je termine cet article par une réflexion que m'inspire mon zele ardent pour la gloire et la prospérité de ma patrie.

La France, dans sa position actuelle, doit avoir ses regards constamment fixés sur l'Angleterre, son ennemie naturelle et irréconciliable.

Cette nation orgueilleuse affecte avec insolence l'empire des mers, et finirait en effet par y régner exclusivement, si toutes les puissances, que son pavillon humilie chaque jour, tardent plus long-temps à se liguer contr'elle; mais que d'obstacles s'opposent encore à cette réunion si nécessaire de forces et de moyens !

La France, plus intéressée qu'aucune autre puissance de l'Europe à l'abaissement de l'Angleterre, ne doit prendre conseil que de sa position, ne s'en remettre qu'à elle du soin de sa vengeance, rester convaincue qu'il faut sortir ici des mesures ordinaires; et renonçant, pour ce moment, à un concours que les circonstances rendent impossible, puiser toutes ses ressources dans le génie, la valeur et l'indignation de ses habitans.

Ce n'est qu'à Rome, disait Annibal, qu'on vaincra les Romains. Tenons-nous de même pour avertis, que ce n'est qu'à Londres que nous arracherons, à ces fiers insulaires, le trident qu'ils pensent que Neptune a remis entre leurs mains. Mais, plus une telle entreprise présente d'obstacles, plus il est digne de nous de la tenter. Que le Gouvernement le veuille d'une volonté permanente et forte, ce ne sera qu'un prodige de plus dans l'histoire de notre révolution.

Nous suppléerions aux vaisseaux que nous n'avons pas, par une quantité suffisante de bâtimens qui porteraient des canons en fer forgé, d'un calibre plus considérable que celui des canons que portent aujourd'hui les vaisseaux de premier rang. Le débarquement une fois fait, la valeur et l'impétuosité de nos soldats, acheveraient le reste.

Fils de Chatam! le ciel t'a donné à la terre dans un jour de fureur. L'humanité pleure ta naissance; elle se réjouira de ta mort. Quels seront, aux yeux de la postérité, les trophées de ton exécrable politique? plusieurs millions de cadavres. Fils de Chatam! c'est à toi à qui nous devons la majorité des crimes de notre révolution; je suis homme, je te hais; je suis Français, je t'abhorre.

Encore un mot sur l'artillerie de campagne.

Les canons de bronze, du calibre de 4, pesent . . . . 600 livres.
Ceux de . . . . 8, pesent . . . . . . 1200.
Ceux de . . . . 12, pesent . . . . . . 1800.

L'expérience de la piece de 4 en fer forgé, dont j'ai parlé, me conduit à présumer qu'on peut d'abord réduire ces poids au tiers. (*)

(*) Je repete ici que cette piece pesait 200 liv.; j'ajoute qu'elle a tiré 14 coups par gradation de charge, que le dernier coup elle a été chargée jusqu'à la bouche, et qu'elle n'a pas crevé par un défaut de fabrication, mais par la qualité du fer, dont le choix n'avait pas été très-soigné.

Les pieces de 4 en fer forgé, pourront donc être portées de suite, ainsi que je viens de l'établir, à . . . . 200.

Celles du calibre de 8, à . . . . 400.

Celles du calibre de 12, à . . . . 600.

Au moyen de quoi on pourra transporter, par un seul mulet, sur la plus haute montagne, deux pieces de 4, ou une piece de huit; je suis même persuadé que cette réduction de poids pourra, dans peu, être portée au quart.

Les affûts des nouveaux canons de terre et de mer, auront sans doute besoin d'une nouvelle forme, qui en offrant plus de résistance, diminue leur recul, lequel augmentera en raison de la plus grande légéreté des pieces; mais l'Etat sera bientôt remboursé de ces nouveaux frais, par le moindre prix que lui coûteraient les nouveaux trains d'artillerie; nos vaisseaux trouveront encore sur ce point une économie de poids considérable.

Si, sans être artilleur ni marin, j'ai pu, sans le secours de personne, obtenir ces résultats, quel bien plus grand parti ne pourront pas en tirer les gens de l'art, amis, comme moi, de leur patrie!

Plus je réfléchis au changement général a opérer dans toutes nos bouches à feu, plus je pense qu'il ne peut y avoir de moment plus convenable et plus heureux que celui-ci.

Le Gouvernement Français fournit, dans ce moment au Grand-Seigneur, des moyens de défense contre l'ambitieuse Cathérine, à l'effet de maintenir, par-là, l'équilibre de l'Europe. Ces secours consistent en Artistes et en mécanismes propres à former chez lui des manufactures (*).

Ne serait-il pas plus convenable d'envoyer au Grand-Seigneur, partie de notre artillerie actuelle, plus considérable que nos besoins ne le com-

---

(*) L'un des Entrepreneurs de la fonderie de Valence, emballe dans ce moment presque la majeure partie des machines et outils de ce grand établissement, qu'il va lui-même mettre en activité à Constantinople.

Il y a quinze jours qu'il m'a été recommandé un citoyen nommé Coste, venant de Constantinople, allant à Paris pour obtenir des cilindres pour laminer des planches de cuivre Comme nous manquons nous-mêmes de ces objets, je ne pense pas qu'il réussisse à les obtenir. Si le Gouvernement se laissait séduire sur ce point important, il arriverait que dans peu, les Turcs, qui sont si riches en mines de cuivre, ne nous enverraient plus que des planches de cuivre laminé, et garderaient leur cuivre brut. Ainsi, les Français fourniraient aux Levantins, les moyens de devenir tributaires de leur industrie. Non, cela n'est pas possible.

portent, et successivement, à fur et mesure de notre nouvelle fabricatior en lui demandant en paiement, des bois de construction, et sur-tout d cuivres, avec lesquels nous pourvoirions à nos besoins et aux siens, planches laminées ? De cette maniere, nous porterions à notre allié un s cours plus efficace et plus prompt, et nous n'aurions pas à craindre qu les moyens que nous lui donnons aujourd'hui ne tournassent un jour cont nous, s'il devenait notre ennemi ; d'ailleurs, nous, chez qui les arts o tant souffert, nous ne devons pas propager, chez l'étranger, le peu q nous en reste. Ces réflexions me paraissent si naturelles et d'une applica tion si facile, qu'avant la publicité de ce mémoire, qui ne peut être im primé que dans une quinzaine de jours, j'ai cru devoir, en attendant donner par ce courrier, cet avis au Directoire exécutif.

Lyon 25 floréal, 4e. année de la République française.

ARTICLE VIII.

NÉCESSITÉ d'établir des cilindres dans le Département de Loire, pou laminer les métaux.

LE premier soin de celui qui se livre à une entreprise, doit être d choisir le local qui offre le plus de ressources, et qui soit le plus propre éviter la concurrence de tous les autres établissemens du même genre.

Les Entrepreneurs des fonderies et cilindres de Romilly ont rendu, san doute, de grands services à l'État ; mais on ne conçoit pas ce qui a pu e déterminer le placement dans un lieu où il n'existe ni fleuve, ni riviere pou communiquer à l'Océan et dans les ports de la Manche ; dans un lieu d'o les marchandises ne peuvent arriver à la Méditerranée qu'après avoir fai 130 lieues par terre pour joindre le Rhône ; sur un sol, enfin, qui ne contien point des mines de cuivre, ni même de charbon ; ce qui réduit les Manufac- turiers à brûler en temps de paix du charbon d'Angleterre ; et lorsque la me n'est pas libre, à le faire venir à grands frais du Département de Loire par la riviere de ce nom, le canal de Briare, et la Seine. Quels succè n'auraient pas eu ces cilindres dans le Département de Loire ! Là, on aurai trouvé des rivieres pour les faire jouer ; des fleuves pour exporter avec faci- lité

lité les marchandises; les meilleurs charbons de France et des mines de cuivre et de plomb, qui sont dans l'exploitation la plus active. Il semble, en vérité, que ceux qui se sont occupés jusqu'à ce jour de pareils établissemens, ont affecté de sacrifier l'intérêt public à des considérations particulieres, en les fixant constamment dans des lieux où il a fallu vaincre la nature par des dépenses ruineuses, et qui ne sont d'aucune utilité au commerce.

Cette même fatalité dirige encore dans le moment actuel la construction d'un cilindre à Avignon. Ceux qui ont choisi cette position, se sont bornés, sans doute, à calculer les avantages qu'ils auroient sur l'établissement de Romilly, pour fournir les ports de Toulon et de Marseille, sans examiner ceux qu'ils auroient trouvés dans un autre local, et principalement dans le département de la Loire. Je sens que, dans l'état des choses, les laminoirs de Romilly et d'Avignon sont utiles à leurs propriétaires; ils sont seuls; il faut donc à tout prix s'adresser à eux; mais le commerce souffre de ces fausses spéculations, et le Gouvernement se ruine, en faisant des dépenses énormes, qu'il pourrait éviter.

Pour concevoir tout le succès qu'on pourrait se promettre des laminoirs établis dans le Département de Loire, il faut entrer dans le détail de la fabrication d'une marchandise qui est d'un grand usage dans nos Manufactures, et que nous sommes obligés de tirer de l'étranger; je veux parler des planches de cuivre rouge, et sur-tout jaune, dont le commerce fait une consommation inouie, pour les boutons d'habit, les bouts de canne, les beillieres de sabres, les caisses, les chandeliers, les écritoires, les charnieres, les garnitures de meubles, et mille autres objets en quincaillerie, qu'il serait trop long de décrire ici.

Le cuivre jaune ou laiton, est un alliage de cuivre rouge très-pur, avec un quart de zing, qui change sa couleur; cet alliage est infiniment utile, principalement à cause de la grande ductilité qu'il conserve à froid.

Quoique les demi-métaux ne soient généralement pas ductiles, le zing, dans son mélange avec le cuivre, fait une exception; l'expérience prouve qu'on peut l'unir par quart et même par tiers, avec ce métal, sans en diminuer sensiblement la ductilité.

C'est par ce procédé, que nous nous procurons en France le cuivre jaune que nous employons dans les Manufactures; mais je doute que ce mélange fût assez maliéable pour former les planches qui doivent être battues à froid: j'en juge par ce que j'ai vu à Stolberg, où l'on emploie pour cette opération la pierre calaminaire, avec laquelle, par une sorte de cémentation, o fait sortir de la mine le zing en vapeur, pour le combiner avec le cuivre.

Il n'existe que deux manufactures de planches de cuivre jaune, dor l'exportation soit étendue ; l'une est à Stolberg ; elle fabrique des planches d cuivre jaune-noir, et des fils de laiton noirs ; l'autre est dans le Tirol ; ell fabrique des planches de cuivre jaune grattées, c'est-à-dire brunies ou polie d'un côté, et des fils de laiton clairs ; ces deux établissemens fournissent l France, l'Espagne, l'Italie, le Piémont. Les Anglais même ne fabriquer ces objets que depuis quelque temps ; mais ils les consomment et ne les expor tent pas, parce qu'ils ne pourraient soutenir la concurrence.

Cependant la fabrication des planches de cuivre jaune, en Allemagr et dans le Tirol, n'a d'autre avantage que le bas prix des combustibles puisque le cuivre rosette et la calamine y sont apportés de très-grand distances. Le Département de la Loire, plus rapproché des mines de cuivre offre d'ailleurs bien plus de ressources. Je ne doute pas même que nou n'ayons, en France, des mines de pierre calaminaire, qui restent enfouie Plusieurs Minéralogistes nous ont donné à cet égard des indices certains.

Si cette matiere venait se réunir au cuivre, sur le sol que la natur semble avoir indiqué pour leur amalgame, nous fabriquerions les planch de cuivre jaune avec autant de succès que l'étranger ; nous ne payerion plus un tribut énorme à l'industrie des Allemands et des Italiens, et nou vendrions même ces marchandises à nos voisins, qui comme nous, ne peu vent se les procurer qu'à grands frais, et avec des retards désespérans pou le commerce.

Peut-être dira-t-on que nos mines de cuivre ne sont pas assez abon dantes, pour nous occuper d'une semblable fabrique ; mais je répondrai, ave M. de BUFFON, qu'il en existe une très-grande quantité en France, qui n sont pas exploitées ; et que si le Gouvernement veut en favoriser la reche che, elles produiront bien au-delà de notre consommation. Mais en sup posant que les mines de Chessy et St. Bel, fussent indispensablement né cessaires à l'objet auquel elles sont aujourd'hui employées, en supposa qu'elles ne puissent pas être remplacées par d'autres, on pourrait, dans to les cas, alimenter les fabriques de cuivre jaune, avec le cuivre toka, qui e de bonne qualité, qui se transporte de Marseille à Lyon, en remontant Rhône, pour 9 deniers par livre, et dont le prix a toujours été, dans cet derniere ville, à 15 où 20 p. % au-dessous du prix du cuivre rosette d St. Bel.

Nos armateurs qui, avant la révolution, fesoient le commerce de l'Inde, étaient obligés de tirer de l'Angleterre le cuivre qu'on connait sous le nom de cuivre japonné. Le transport dans l'Inde ne pourrait leur procurer aucun avantage, puisque les Anglais l'y conduisent directement; mais ils y étaient forcés pour completter leurs cargaisons. Il n'est cependant rien de plus facile que de fabriquer cette marchandise, par une opération très-simple de chimie. Je pourrois citer plusieurs autres genres de spéculation, que l'industrie des Français a pareillement négligés.

J'ai parlé des avantages que donneraient les laminoirs dans le Département de Loire, pour les ouvrages en cuivre; je vais prouver qu'ils en offriraient encore de bien plus grands, pour les ouvrages en fer et en plomb.

Il y a en France de très-grandes manufactures en fer-blanc; mais partout on les fabrique avec le marteau; outre que cette méthode emploie beaucoup de temps, elle produit nécessairement, quelle que soit l'habileté de l'ouvrier, des épaisseurs inégales dans la feuille, qui rendent impossible l'étamage parfait, de sorte qu'un ferblantier qui veut exécuter certains genres d'ouvrages avec précision, est forcé de recourir au fer-blanc d'Angleterre, qui, laminé au lieu d'être battu, présente une épaisseur égale dans toutes ses parties.

Le fer en tôle, fabriqué en France de la même maniere que le fer-blanc, a aussi les mêmes défauts, et nous sommes encore obligés d'en faire venir de laminé de l'étranger.

C'est principalement les laminoirs qui donnent, à un grand nombre d'ouvrages Anglais, l'espece de perfection qui les fait préférer aux nôtres. Ces machines donnent avec facilité aux métaux différentes formes, que nous ne pouvons atteindre que très-imparfaitement, quoiqu'à grands frais, sur l'enclume; mais l'un des plus précieux effets du jeu de leurs ressorts, est la création entiere de plusieurs ouvrages; les Anglais en tirent le plus grand parti; ils cachent dans le sein du laminoir des cilindres gravés, y font passer une lame de métal déjà préparée, et en retirent un ouvrage, qui n'a plus besoin que d'être poli, pour être livré à la circulation (*).

(*) Pour se former une idée juste des cilindres ou laminoirs, et concevoir à combien d'objets différens leur usage peut être utile, j'invite les amis des arts, qui ne connaissent pas la nouvelle machine à carder le coton, à aller voir la filature du citoyen Hugan, rue Sala, à Lyon. Il suffirait à un homme ordinaire de voir ce mécanisme aussi simple qu'ingénieux, pour être convaincu de tous

Pour juger de la nécessité absolue des laminoirs à St. Etienne, je dois dire, que sans leur secours, on ne peut fabriquer des chappes de boucles, que nous tirons en très-grande quantité de l'Angleterre ; on ne peut non plus perfectionner la serrurerie ; en effet, le palâtre de la serrure destiné à recevoir les différentes vis, au moyen desquelles s'attachent les parties intérieures qui forment sa composition, doit être absolument d'une épaisseur égale dans toutes ses parties ; s'il en est autrement, et que l'une des parties qui doit recevoir une vis, soit plus mince, souvent le taraud de la filiere ne peut établir parfaitement les filets ; la vis tombe au moindre effort, et à 100 lieues de la fabrication, la serrure est perdue, parce qu'il en coûte souvent plus de la faire réparer, que d'en acheter une neuve.

Dans plusieurs lieux on fait grand cas de grands écussons de serrure découpés à jour, sur-tout pour les meubles ; ce travail se fait à la main à l'aide d'un ciseau : avec d'autres procédés, on simplifierait la fabrication au point d'en diminuer le prix des deux tiers, et elle serait beaucoup plus parfaite.

Je gémis de voir que, jusqu'à ce jour, les villes de Bordeaux, Cette, Marseille et Toulon, aient importé d'Angleterre pour des sommes immenses des cercles de fer pour les tonneaux de vin, huiles et eaux-de-vie qui s'expédient de ces ports dans le Nord, nos Colonies et les Indes ; n'est-il pas humiliant pour la Nation Française, de se voir réduite à un commerce d'importation, pour une marchandise qu'elle pourrait si aisément fabriquer chez elle ?

Enfin, la marine fait une très-grande consommation de plomb en saumon pour des balles, et en planches laminées, pour des tuyaux ; nous avons dans le Département de Loire des mines de charbon et des mines de plomb ; ces matieres, fabriquées sur le lieu de leur extraction, peuvent être fournies à l'Etat au plus bas prix possible.

C'en est assez, sans doute, pour faire sentir les avantages et la nécessité des laminoirs dans le Département de Loire. La nature a tout fait pour recevoir cet établissement, et l'industrie des habitans saura bientôt en tirer le plus grand parti pour les manufactures.

---

les avantages qui peuvent résulter de l'invention et de l'usage des mécaniques. Le coton tourne sur 40 cilindres de différens diametres, garnis de dents en fil de fer, et reçoivent leur action du même centre de mouvement. On met le coton brut sur le premier cilindre ; on le retire du dernier, prêt à être livré à la filature. J'ai une grande habitude de voir des mécaniques, et de juger leurs effets ; mais j'avoue que j'ai été dans l'enthousiasme de la simplicité et des résultats de celle-là.

ARTICLE IX.

MOYENS de remédier à l'insuffisance de la Loi sur les adjudications au rabais, pour les objets compris dans ce Mémoire.

LA loi, qui assujettit les Administrateurs de la marine nationale à adjuger au rabais toutes les fournitures, n'a eu sans doute d'autre objet que d'éloigner, par cette publicité, les fraudes auxquelles pourraient donner lieu les traités de gré à gré; et de porter, par la concurrence, le prix des marchandises à sa juste valeur. Mais cette méthode ne remplit point, dans l'état actuel, ce qu'elle semble promettre; les villes de Brest, Lorient, Rochefort et Toulon, dans lesquelles sont situés nos grands ports nationaux, n'ont point de manufacture en fer, acier ou cuivre; il ne s'y fait aucun commerce en grand dans cette partie; de sorte que les Négocians qui prennent des adjudications en ce genre, ne peuvent le faire que par spéculation, d'une maniere très onéreuse au Gouvernement, puisqu'ils ne reçoivent les marchandises qu'ils doivent fournir, que de la seconde, et quelquefois de la troisieme main.

Il est d'ailleurs beaucoup d'objets qui sortent de la classe ordinaire des marchandises du commerce, et ne peuvent être adjugés sur les lieux, parce que devant être façonnés sur des modeles ou échantillons adoptés dans les ports, leur fabrication exige des détails infinis, et une précision que le Manufacturier seul peut atteindre.

Les fournitures dont je suis chargé sont de ce genre; leur fabrication doit être si parfaite, qu'un homme de l'art peut seul se charger des commissions: il y a donc nécessité, dans l'état actuel des choses, de s'adresser directement aux manufactures, et cette mesure présente la plus grande économie.

Il en est de même de tous les objets que je traite dans ce Mémoire; aucun d'eux ne peut être fourni par adjudication au rabais, par les raisons que je viens de donner. En outre des grands avantages d'économie et de perfection que trouvera le Gouvernement dans la compagnie que je propose, combien ne lui serait pas agréable la certitude d'être toujours utilemen et généralement pourvu, sans être sans cesse occupé de recevoir de soumissions, faire des marchés, dont un très-grand nombre demeure san exécution ! ce qui peut compromettre le service public. Il y a donc néces sité absolue d'adopter les grandes mesures que je présente.

ARTICLE X.

OPINION du Citoyen MONGE, pendant son ministere, sur les Eta blissemens à former dans le Département de Loire.

J'AI pensé que l'opinion du citoyen Monge, sur l'objet de ce mémoire pourrait être de quelqu'importance, et devait intéresser les gens de l'art cette maniere de voir me fait espérer qu'il voudra bien me pardonne d'avoir publié sa correspondance, sans le consulter.

Le 25 novembre 1792, correspondant avec ce ministre pour des obje relatifs aux commissions qui m'avaient été données pour la marine, je cr devoir lui parler des vices de l'établissement de Cosne, et lui observe combien il serait plus utile à l'Etat de transporter ces travaux importa dans le Forez : il me répondit, le 17 décembre, avec des détails qui m prouvaient combien cette ouverture lui avait plu ; il chercha à me prouve que l'établissement de Cosne devait encore subsister, au moins pour le ports de Brest, Rochefort et Lorient ; il ajoutait : « Si je me trompais » je vous prie, citoyen, de me dire pourquoi ou comment, et de m » fournir vos idées ou vos observations.

» Jusqu'à présent, je suppose que l'établissement de Cosne doit rest » où il est ; je n'en recevrai pas, avec moins de plaisir, un mémoire trè » détaillé, qui, en exposant les inconvéniens ou les vices de son adminis » tration actuelle, me présentât, en même temps, un nouveau plan d'orga » nisation, dont les avantages et les ressources fussent démontrées par de » calculs non hypothétiques, et que par-tout la preuve et la démonstra » tion fussent à côté des raisonnemens.

» Mais vos moyens, les avantages que présentent le pays que vo » habitez, pourraient y faciliter un grand établissement de forges, do

» les travaux auraient un débit assuré dans les ports de Toulon et de » Marseille : j'applaudis à cette idée, dont l'utilité ne peut être problé» matique.

» Si vous croyez pouvoir réaliser un pareil projet, je vous invite à vous en » occuper sérieusement ; et alors, je pense que vous ferez bien d'en con» férer avec l'Ordonnateur de la marine au port de Toulon, et de vous » concerter avec lui sur les moyens de donner à cette entreprise la sta» bilité convenable, et la forme qui sera la plus propre à en assurer le » succès.

» Vous me feriez connaître quel rapport et quelle part l'administration » de l'Etat devrait y prendre pour concourir à vos vues, afin de les porter » au plus grand degré d'utilité publique.

» J'écris à l'Ordonnateur civil de la marine à Toulon, afin que vous le » trouviez disposé à vous entendre sur tout ce que vous croirez devoir lui » communiquer à ce sujet. »

Le Ministre ajoute, de sa main : « Un autre objet très-important sur » lequel vous devez prendre des renseignemens précis, c'est la nature du » fer dans le lieu où vous vous proposez de monter votre établissement. » Vous savez que le fer de Guérigny est le meilleur fer de France, et le » plus propre à la confection des ancres, des cercles de mâture, etc. »

Je me rendis à Toulon dans les premiers jours de l'année 1793 (v. s.); je présentai mes idées à un conseil des gens de l'art, que l'Ordonnateur avait fait convoquer ; elles furent généralement goûtées, et nous ne différâmes que sur le mode d'organisation de l'établissement que je proposai à St. Etienne.

Le Ministre, instruit du résultat de la discussion, m'annonça qu'il avait senti d'avance, combien son exécution serait avantageuse à la marine et au commerce. « Je vous ai marqué, dit-il, et je vous réitere, citoyen, que je » verrai former, avec le plus grand intérêt, votre établissement de grandes » forges dans le ci-devant Forez ; mais pour y faire concourir l'Etat, il » faut que vous en présentiez le prospectus détaillé, de maniere à en faire » connaître l'importance et les résultats, pour pouvoir me fixer sur le » degré d'utilité qu'il offrira pour la chose publique. »

Je répondis aux desirs du citoyen MONGE ; mais il se retira du ministere. Depuis ce moment, les événemens désastreux qui ont désolé la France, ne m'ont pas permis de reproduire ces vues utiles.

ARTICLE XI.

ETAT actuel des Manufactures du Département de Loire ; tendance à leur anéantissement, si le Gouvernement ne vient à leur secours.

LA force d'un Etat gît dans sa population ; le commerce la favorise et lui est nécessaire : il est certain que les agrémens et les commodités de la vie, sont pour les hommes, l'attrait le plus puissant. Si l'on supposait une nation commerçante, entourée d'autres nations qui ne le seraient pas, la premiere se peuplerait bien vîte aux dépens des autres : le Gouvernement doit donc activer le commerce, en raison des avantages que lui procure sa population.

Le commerce languit et s'anéantit bientôt, s'il n'est alimenté et ravivé par de nouvelles entreprises, si les manufactures ne sont pas perfectionnées par de nouvelles découvertes, si les marchandises ne sont pas fabriquées au plus bas prix possible.

Les manufactures de St. Etienne sont dans cette triste position ; les Fabricans n'ont rien ajouté à leur industrie depuis des siecles, et la dénomination d'ouvrage du Forez, leur imprime une sorte de médiocrité presqu'avilissante.

Ces manufactures existent sans aucun ordre, sans aucun réglement ; l'Ouvrier y est absolument libre de fabriquer comme il veut ; le Marchand qui l'occupe, n'ayant fait aucun apprentissage, aucune étude relative à son état, ne peut le diriger dans la fabrication. Lorsque les demandes se ralentissent, l'Ouvrier assez ordinairement altere la qualité de son ouvrage, pour séduire l'acheteur par un moindre prix ; c'est ainsi que d'abus en abus, ces manufactures tendent à leur ruine, si elles ne sont réglementées et régénérées.

Toute l'étude du Manufacturier doit se porter sur l'économie de son travail, et la perfection de sa fabrication. Il ne peut réussir à obtenir l'une et l'autre, et soutenir la concurrence que par le secours des machines ; (ce qui est pour la France, multiplier la population, au lieu de la détruire.) Si cette vérité ne peut être contestée, de quelle conséquence ne doit-elle pas être en France, où l'agriculture, la marine et le commerce extérieur, occupent la plus grande partie des citoyens !

Il

Il est encore un autre moyen de perfection et d'économie, qui me paraît du plus grand intérêt dans les manufactures, c'est de subdiviser, autant qu'il est possible, la fabrication. L'Ouvrier qui fait toujours la même chose, se perfectionne et acquiert une habileté, qui diminue de beaucoup le prix de la main-d'œuvre.

Un des principaux articles du commerce de St. Etienne jouit de ce dernier avantage ; c'est le couteau de poche commun, à manche de bois, buis ou corne, dont la qualité est bonne dans chaque espece. On conçoit difficilement comment une qualité de ces couteaux, à manche de buis, peut s'y établir à 3# la grosse, c'est-à-dire, à cinq deniers la piece : cela vient de ce que trente-six Ouvriers travaillent à sa fabrication, et que de cette maniere chacun fait sa partie avec toute la célérité et l'adresse possibles. Il résulte encore de cette organisation, que les Ouvriers émigrant, ne pourraient porter à l'Etranger la fabrication entiere d'un objet.

Ce sont ces derniers genres de perfection et d'économie, qui ont valu aux manufactures du Forez, l'exportation pour des sommes considérables de ces couteaux, en Portugal, en Espagne, en Piémont, en Suisse, et dans toute l'Italie.

Voici un exemple contraire : il se fabrique, dans les manufactures de St. Etienne, beaucoup de serrures, depuis 50s. la douzaine, jusqu'à 36# la piece ; toutes celles des plus bas prix, jusques à 24# la douzaine, sont de la plus mauvaise qualité et déshonorent autant celui qui les fabrique, que le marchand qui les vend ; le plus grand nombre ne résiste pas même au mouvement du transport ; le cahos des voitures en détruit la composition, au point, qu'elles arrivent en morceaux aux lieux de leur destination. L'une des causes de cette mauvaise fabrication, est qu'elle n'est point organisée comme celle des couteaux dont je viens de parler ; chaque Ouvrier fait sa serrure en entier : pourquoi n'établirait-on pas des ateliers de serrurerie où chaque Ouvrier ferait toujours la même piece ? Ce n'est que par ce moyen, et en employant, comme je l'ai dit, des fers laminés, que nous pourrons vendre nos serrures aux étrangers, et satisfaire le consommateur de l'intérieur.

Une des causes qui ralentissent encore les progrès de ces manufactures, c'est que les matieres premieres coûtent aux Fabricans, qui les achetent à Lyon, 8 ou 10 pour cent de plus que s'ils les tiraient de la premiere main ; ce qui nécessite, dans le prix des marchandises, une augmentation qui s'oppose à ce qu'elles soient expédiées au loin.

F

Je crois pouvoir dire, qu'avant la guerre, nos Colonies occupaient les manufactures du Forez trois mois de l'année. Il est probable que de long-temps nous ne pourrons y porter les secours dont elles auront besoin à la paix.

Lorsque ce moment si desiré sera arrivé, le Gouvernement, obligé de porter l'économie dans toutes les parties de l'administration, ralentira nécessairement la fabrication des armes à feu, en se bornant à faire réparer celles qui servent dans ce moment. On peut donc présumer que le manufactures du Département de Loire perdront à la paix la plus grand partie de l'activité qui leur reste ; déja elles présentent le spectacle le plu affligeant ; le plus grand nombre des Ouvriers est sans occupation ; plusieur sont obligés, pour vivre, de porter leurs meubles chez les habitans de campagnes, et de les échanger contre du bled : cette faible ressource n peut durer long-temps ; ils seront bientôt exposés à toutes les horreur du besoin.

Cependant, nulle part, l'Ouvrier n'est aussi laborieux que dans le Dépar tement de Loire ; il commence le travail dans les villes à 5 heures d matin, et le continue sans interruption, jusqu'à neuf heures du soir. Le habitans des campagnes emploient à la forge tous les loisirs que leu donne l'agriculture ; les femmes s'occupent avec la même assiduité ; quelque unes d'elles se livrent aux travaux de la forge ; les enfans même, à pein âgés de 10 ou 12 ans, partagent, suivant leurs forces, ces ouvrages pénible Si ces dispositions laborieuses étaient encouragées et bien dirigées, on pour rait en obtenir les plus heureux résultats.

Je ne dois pas taire au Gouvernement, l'abus qu'entraîne l'organisatic de la manufacture actuelle des armes à feu à St. Etienne ; cette fabricatio avait été confiée de tous temps, à des Entrepreneurs, qui fournissaier à des prix fixes ; mais lorsque les commissions furent mises à l'ordre d jour, elle éprouva tous les inconvéniens attachés à ce nouveau régime, qu malheureusement existe encore.

L'établissement de la commission des armes à St. Etienne, ne détruis cependant pas la fabrication des Entrepreneurs ; mais on les assujettit livrer leurs fusils à la commission, pour être inspectés ; de sorte que dans l moment actuel, il existe deux genres de fabrication : je vais les compare l'un à l'autre, afin de fixer les idées du Gouvernement sur le parti qu lui convient de prendre.

Trois associés, quatre commis, trois officiers d'artillerie, et quatre con trôleurs, ont constamment suffi pour soutenir l'ancienne fabrication des armes à feu, au degré de perfection où elle était portée avant la révolution ; encore est-il certain que les Entrepreneurs n'étaient point surchargés dans le travail qui les occupait. On sent de plus que, libres dans leurs achats, ils ne manquaient pas de les faire en temps utile, et qu'en tout il résultait de leur administration, que les fusils les mieux fabriqués coûtaient aussi le moins possible.

La commission emploie trois à quatre cents personnes, auxquelles l'on donne des appointemens considérables. Presque tous les citoyens de St. Etienne, ou des environs, y ont été appelés tour-à-tour, suivant que telle ou telle faction a dominé. La plupart ne remplissant les fonctions dont on les chargeoit, qu'à *titre de réquisition* et de contrainte ; n'osant d'ailleurs agir à cause de la responsabilité qui pesait sur leur tête, aucun d'eux n'a mis dans ses opérations particulieres, l'attention ni la prévoyance qu'elles eussent exigées, et que véritablement l'on ne peut jamais attendre que de l'intérêt personnel.

Les conseils d'administrations, sans cesse frappés de la crainte d'acheter trop cher, ne concluaient les marchés qu'à l'instant où les ateliers étaient dépourvus ; cependant la dépréciation graduelle des assignats, fesant augmenter dans la même proportion le prix des marchandises, j'ai vu des fers proposés et refusés, se payer, en dernier résultat, un tiers de plus qu'ils n'eussent coûté d'abord.

A l'égard de la qualité de l'arme, il suffira de réfléchir sur les inconvéniens attachés à ces déplacemens rapides et continuels, où l'on a vu, plus d'une fois, l'homme ignorant succéder à l'homme éclairé, et l'homme passionné à l'homme sage, pour se convaincre qu'il est impossible que la fabrication n'ait pas infiniment perdu. Je pourrais ajouter beaucoup de choses (*). Mais je crois en avoir assez dit, pour

(*) La Commission des armes livre encore aujourd'hui aux Ouvriers, à 400 liv. en assignats, le quintal de fer qui vaut, dans le commerce, 8000 ; elle leur en livre beaucoup plus qu'il n'en faut pour les ouvrages qu'ils lui fournissent. L'abus que je dénonce, est poussé au point, que le fer vendu par les Ouvriers qui travaillent aux armes, à ceux qui travaillent en quincaillerie, suffit presque aux besoins de ces derniers. Ainsi, les Ouvriers inoccupés depuis long-temps, sont forcés sans doute de se livrer à cette honteuse spéculation pour vivre.

Ces vérités affligeantes me ramenent à l'observation présentée autre part, que dans le commerce on doit attendre peu de services d'un homme à appointemens fixes, exciter la surveillance du Gouvernement, sur une des parties les plus importantes de son administration.

J'ai connu assez particuliérement le citoyen BOYER, que le Gouvernement a envoyé à St. Etienne, comme premier Commissaire national près la commission des armes ; il était très-instruit, et avait d'excellentes vues c'est lui qui a envoyé à Klingental, des Forgeurs d'armes blanches, pour apprendre les procédés de la fabrication Allemande, et à qui, par conséquent, on doit les succès que depuis ils ont obtenu. Malgré cela, que d désagrément, que de dégoûts n'a-t-il pas essuyé dans un pays où, tant qu l'esprit ne changera pas, quiconque voudra tenter des changemens, rester en butte aux persécutions. Bref, le citoyen BOYER donna sa démission ; a été remplacé par le citoyen D'ARNAL, dont les personnes instruites judicieuses s'accordent à dire beaucoup de bien ; justice que je lui rend avec d'autant plus de confiance et de plaisir, que j'ai eu moi-même occasion d'apprécier ses lumieres et son intégrité.

Quelque avéré que soit le mérite des deux Administrateurs dont je vie de parler, ce n'en est pas moins un fait incontestable, que les fusils fabriqu par les anciens Entrepreneurs, sont mieux traités et plus solides, que ceu que la commission a fait établir par ses agents ; quoique ces dernie ayent probablement coûté au moins deux fois plus que les autres : véri dont le Gouvernement peut acquérir la preuve, en se fesant représent l'état général des sommes qu'il a fournies pour appointemens, fournitur et autres frais, et le comparer à celui des armes qui lui ont été délivrée

FONTENELLE disait que, s'il tenait la vérité dans la main, il n'aura garde de l'ouvrir pour la laisser voir aux hommes. Nul sans doute, l'eût fait connaître impunément, sur-tout lorsqu'elle avait pour objet suppression des abus, dont parmi nous des êtres privilégiés et protég faisaient leur patrimoine.

Mais aujourd'hui qu'un sentiment unique de l'amour de la patrie de embraser et réunir tous les cœurs, qui taît des vérités qu'il croit utile quelques intérêts qu'elles blessent, commet une insigne lâcheté et abjure qualité de citoyen (*).

(*) Si les personnes éclairées avaient le courage de dénoncer au Gouvernemen sans être retenues par aucune considération particuliere, les abus qui les frappen si les Agens que le Gouvernement emploie, s'entendaient pour les extirper, il e certain que toutes nos ressources doubleraient, et que la coalition, qui fonde s meilleur espoir sur leur entier épuisement, ne marchanderait plus les conditio d'une paix que tous les peuples de l'Europe réclament.

Animée de cet amour, auquel la Grece et Rome ont dû tant de puissance et tant de gloire, la compagnie que je propose de former, rendra la Nation Française, déjà si rédoutable par sa valeur, la premiere des nations de l'univers, par la supériorité de ses armes. Alors, non-seulement elle maintiendra à jamais la paix qu'elle est au moment d'accorder à ses ennemis, mais la puissance, qu'une agression injuste mettrait dans le cas d'implorer ses secours, y trouverait à l'instant des moyens de défense, qui la sauverait de l'oppression.

Ainsi, dans ces manufactures, en apparence si terribles, que je voudrais voir s'élever dans le Département de Loire, les forges meurtrieres où se prépareraient les traits consacrés à la destruction et à la mort, serviraient, en dernier résultat, à l'équilibre et à la tranquillité de l'Europe; pensée consolante et douce à laquelle sourit l'humanité au milieu des pleurs que la guerre lui fait répandre.

Les vérités que je viens de mettre sous les yeux du Gouvernement, le convaincront, sans doute, de la nécessité de traiter avec la compagnie que je propose, pour la fabrication des armes à feu et des armes blanches.

Pour remplir le mieux possible le but auquel je tends, il faut encore que je fasse comprendre aux habitans du Département de Loire, qu'il est de leur plus grand intérêt, de solliciter l'exécution des établissemens que j'indique, et de les faciliter par tous les moyens qui sont en leur pouvoir.

Je vais d'abord parler aux Ouvriers, à cette partie nombreuse et intéressante de la population : élevé au milieu d'eux, j'ai été, par mes relations commerciales, à portée d'étudier et d'apprécier leur caractere; je rends justice à leur amour pour le travail, à leur aptitude pour les arts, mais je dois aussi leur dire avec la même franchise, que leur attachement exclusif aux anciennes méthodes de fabrication, est peut-être la seule cause de leur détresse et de l'anéantissement des manufactures.

Il est malheureusement vrai que les manufactures du Département de Loire, sont celles qui ont fait le moins de progrès en France; la nature a tout fait pour nous, et nous ne l'avons jamais secondée; elle a rassemblé dans ces intéressantes contrées, toutes les sources de l'industrie et de la richesse, et nous n'avons pas su en profiter. Le Gouvernement n'a jamais mis le moindre intérêt à nos fabriques, et nos concitoyens n'ont jamais sollicité sa protection : il y a plus, ceux qui ont voulu tenter de nouvelles découvertes, ont toujours été contrariés par les partisans superstitieux des anciens systêmes. Les citoyens Pierrottin, canonniers de Liege, vinrent se fixer, il y a quelque temps, à St. Etienne ; ne voulant pas, dans le premier moment, heurter l'opinion générale, ils se conformerent à la méthode des autres Ouvriers pour forger leurs canons ; lorsqu'ils furent plus connus, ils crurent pouvoir faire usage des procédés usités dans leur patrie ; ils firent battre des lames de fer au martinet, et par cette opération, ils consommaient moins de fer dans les canons ; ils étaient beaucoup plutôt forgés, et résistaient également à l'effort de la poudre. Quoique ces économies fussent infiniment précieuses, dans un temps sur-tout où les Ouvriers n'étaient point assez nombreux pour exécuter les commissions, les citoyens Pierrottin furent persécutés et exposés à plusieurs excès ; ils n'y céderent pas ; le préjugé s'évanouit insensiblement, et presque tous les canonniers ont adopté leur méthode (*).

Il est très-certain que les manufactures languissent, lorsqu'elles ne sont pas régénérées par quelques nouvelles découvertes, qui les simplifient ou les perfectionnent : rendre facile et parfait ce qui est utile, produire plus

---

(*) Il serait bien à désirer, pour la propre conservation des Aiguiseurs de St Etienne, qu'ils adoptassent l'usage de ceux de Liege, qui se tiennent à côté de la meule ; car il arrive souvent que les meules cassent en tournant. Le mouvement de rotation les fait alors voler en éclats, qui pulvérisent l'Aiguiseur, étendu sur une planche posée au-dessus de la meule. Ces fâcheux accidens n'auraient pas lieu, s'il y avait des réglemens dans les manufactures du Département de Loire. Ceux que j'ai désignés dans l'article deux, ne sont pas les seuls qu'éprouvent les Mineurs ; ils sont encore exposés à périr par l'explosion des feux souterrains.

Ces événemens sont si fâcheux et si extraordinaires, que je crois devoir en rapporter un de ce genre.

Le lundi 30 avril 1792 (v. s.), après deux jours d'absence, trois Ouvriers descendirent, avec une lampe allumée, dans une mine de charbon de la Riccamarie située près de celles qui brûlent depuis cinq cents ans. A peine furent-ils parvenus au fond du puits, qu'une explosion semblable à un coup de tonnerre, les enleva et les chassa hors de la mine. Ces malheureux allerent tomber morts à vingt toises de l'entrée du puits ; ils étoient grillés et tout défigurés.

Valmont de Bomare, dans son Histoire Naturelle, parle de ces vapeurs inflammables, et dit que ces accidens arrivent toujours le lendemain des fêtes. Il indique des moyens pour raréfier l'air, et insiste, sur-tout, sur celui de se servir d'une lanterne, au lieu d'une lumiere à découvert.

L'humanité réclame donc, autant que l'intérêt de la nation, pour que les manufactures du Département de Loire soient réglementées, et que ses mines de charbon soient exploitées suivant les regles de l'art.

d'effet avec moins d'efforts, tel est le but que les artistes doivent toujours se proposer.

Celui qui parvient à substituer le travail d'un enfant au travail d'un homme, devient le bienfaiteur du genre humain ; celui qui réussirait à diminuer de moitié le nombre des hommes employés à une fabrication, mériterait le même éloge. Je dois donc rassurer ici les Ouvriers du Département de Loire, sur les inquiétudes qu'ils ont témoigné dans plusieurs circonstances, et détruire, si je puis, un préjugé trop accrédité parmi eux, dont les suites ont toujours été funestes à l'industrie et au commerce.

Les Ouvriers du Département de Loire, qui n'ont que leur travail pour patrimoine, croient assez généralement que, diminuer le nombre des hommes employés aux manufactures, c'est enlever à plusieurs d'entr'eux les moyens de subsister. Egarés par cette inquiétude, excusable peut-être, ils se sont portés en foule, il y a quelques années, pour détruire une machine destinée à fabriquer des fourchettes, et dont l'objet était d'en diminuer le travail et d'en perfectionner la fabrication. Mais qu'ils se pénetrent bien de cette vérité, que les moyens simples, l'économie et la perfection, procurent toujours les plus grands avantages aux manufacturiers ; le débit des marchandises augmente à raison de leur perfection et de la diminution du prix : lorsqu'au contraire l'étranger parvient à faire les mêmes ouvrages à un prix inférieur aux nôtres, il attire bientôt à lui tous les consommateurs, et nous n'avons plus de débit. Malgré les défenses du Gouvernement, ces marchandises s'introduisent, nos manufactures languissent, parce qu'elles ne peuvent plus soutenir la concurrence ; nos Ouvriers sont sans travail, notre argent passe à l'étranger et enrichit nos ennemis.

Ces événemens, trop ordinaires parmi nous, sont toujours occasionnés par la cherté et l'imperfection de notre fabrication : pour rendre cette vérité plus sensible, il suffit d'examiner les effets qu'ont produit à St. Etienne, les métiers à la Zuricoise. Avant leur introduction en France, les petits rubans s'y fabriquoient sur des métiers à une seule navette ; les Suisses, qui avaient imaginé le mécanisme d'un métier à trente navettes, fabriquaient donc trente fois meilleur marché que nous ; ils profitaient exclusivement de la consommation de tous les rubans de ce genre, et en importaient une grande quantité ; les Négocians même de St. Etienne, étaient forcés de s'adresser à eux, pour completter leur assortiment. Un artiste ingénieux parvint à construire un métier à plusieurs navettes : le Gouvernement qui sentit l'importance de cette découverte, accorda une prime de 70[#] annuellement pendant huit années, à tous ceux qui feraient établir de pareils méti Cette faveur les a multipliés au point, que nous nous sommes emparés cette branche de commerce ; au lieu que si les Ouvriers en rubans fussent portés à détruire le premier métier qui a paru, nous serions pe être encore privés de ce précieux mécanisme.

Voici un autre exemple d'une bien plus haute importance, mais malheureusement existe chez l'Etranger. Les Anglais possedent dep long-temps, de grandes fabriques en étoffes de coton, dont la filature se occupait cent mille bras. Un Anglais nommé ARKRIGTS, imagine succes vement différentes machines à filer, qui simplifiaient l'opération, et e ployaient moins d'Ouvriers pour faire la même quantité d'ouvrage ; autres Ouvriers, loin de s'affliger de ces découvertes, ont senti et n'ont tardé de s'appercevoir que la consommation augmentait à proportion de diminution du prix de main-d'œuvre ; non-seulement personne ne rest oisif, mais encore il se formait chaque jour de nouveaux établissemer au point que plus de quatre cent mille individus sont occupés aujou d'hui à la filature, et font plus d'ouvrage que quinze cent mille n'en auroi pû faire avec l'ancien rouet. C'est pourtant à un seul homme à c tout un peuple a de si grandes obligations ; ARKRIGTS doit tout, à s tour, au Gouvernement, qui lui a permis de jouir de sa découverte, d'en faire jouir sa patrie. ARKRIGTS pauvre et simple journalier, aujourd'hui connu dans toute l'Europe, et a, dit-on, une fortune d' million de rente.

Ouvriers de toutes les classes, que rassemblent les manufactures de Etienne, croyez-en votre compagnon, votre émule et votre ami : bien l que les vues développées dans ce Mémoire, tendent à séparer vos intér de ceux des Administrateurs qui vous employeront, c'est vous, c'est vot bien-être, c'est votre bonheur que je me suis principalement proposé ; veux qu'ils résultent des réglemens qui seront faits, de l'émulation qu'on vo inspirera, de la prospérité des établissemens, que feront fructifier vos tr vaux : je veux qu'un régime paternel vous assujettisse tous d'une manie uniforme ; que l'équité la plus incorruptible préside, soit aux choix qu conviendra de faire parmi vous, soit aux récompenses qui vous sero décernées. Chaque jour vous apportera de nouveaux motifs de chérir v occupations, votre état, et sur-tout la compagnie, qui s'occupera sa cesse d'améliorer votre sort : de votre côté, vous n'oublierez point que dans de grands ateliers comme les vôtres, nul succès n'est espérable sa

ord

ordre et sans subordination ; que c'est par le zele, l'exactitude, la tempérance, la régularité des mœurs qu'on accumule des profits qui mettent de l'aisance dans les dernieres années d'une vie, d'autant plus honorable, qu'elle fut plus laborieuse ; sur-tout, souvenez-vous bien de cette vérité importante, que les découvertes par lesquelles on simplifie, on perfectionne les procédés des arts, assurent seules la prééminence des manufactures qui les premieres en font usage ; que plus elles ont de débit chez l'étranger, plus elles procurent en retour des richesses réelles, et plus aussi, par conséquent, elles fournissent de moyens à ceux qui les dirigent, pour améliorer le sort de leurs Ouvriers, en les faisant participer à des avantages qu'il est juste, en effet, de considérer comme un patrimoine commun.

Les Fabricans de St. Etienne ne partagent peut-être pas tous les préjugés des Ouvriers ; mais l'espece de rivalité qui existe entr'eux, n'en est pas moins funeste aux manufactures et au commerce.

Les habitans des petites villes jalousent presque toujours leurs voisins, et s'occupent beaucoup de ce qui se passe chez eux ; les conversations particulieres se dirigent souvent sur cet objet ; les personnes du même état se redoutent mutuellement, et ne sont presque jamais unies. La ville de St. Etienne, peuplée de 35 mille habitans, qui sont presque tous occupés, n'est pas exempte de ces divisions ; ce n'est point l'émulation qui fait naître le talent, mais une jalousie puérile, qui en empêche le développement. Tous les Négocians conviennent de cette vérité, tous sentent combien cette maniere est ridicule ; cependant elle subsiste toujours (*).

Les amis de leur patrie doivent tous regretter avec moi, que le citoyen FOULET n'ait pas été mieux accueilli à St. Etienne, lorsqu'il vint s'y fixer, il y a trente ans, pour former des établissemens utiles, sous les auspices d'une compagnie de Paris ; mais il éprouva tant de contrariété, qu'il fut forcé de les abandonner. C'en est assez sur ce point ; mon intention n'est point d'humilier, encore moins de choquer aucun de mes concitoyens, mais de les ramener, si je peux, à l'union, qui me parait nécessaire à la prospérité des manufactures.

(*) Un Négociant de Marseille me disait, il y a quelque temps : fait-on toujours à St. Etienne les expéditions la nuit ? Les Quincailliers prennent-ils encore la précaution bisarre de mettre des feuilles de papier clouées sur les marques des tonneaux ou caisses qu'ils expédient, pour que leurs Collegues ne presument pas, par les lettres initiales, le nom de ceux à qui sont destinés les envois ? Ces questions me firent connaitre que tous nos Correspondans s'égaient avec raison à nos dépens.

ARTICLE XII.

Vues politiques du commerce. Moyens les plus propres à vivifier les Manufactures du Département de Loire.

Le commerce, que les besoins multipliés de l'homme l'ont forcé de varier et d'étendre, fait aujourd'hui la richesse et la consolation des peuples qui y sont le plus versés. Les branches qui le divisent, offrent tous les jours une vaste carriere à l'imagination et à l'industrie.

Il semble que la Providence, en attachant aux différens climats et à leurs productions, des propriétés diverses, ait voulu mettre les hommes dans la dépendance les uns des autres, afin qu'ils eussent les motifs les plus puissans de vivre en paix et de se rechercher.

En partant d'un point de vue général d'échanges et de rapports commerciaux, rien ne serait plus naturel que de tirer des marchandises des Anglais, si nous leur vendions en retour celles que nous fabriquons mieux qu'eux; mais cette Nation est si injuste à notre égard, que, comme Négociant Français, je me crois obligé de faire la guerre à son commerce; et mes motifs sont aussi fondés, aussi forts, que ceux qu'a le Gouvernement de la faire à ses armes.

Quelle que soit l'aptitude d'un peuple à tel ou tel art, ses progrès seront toujours très-lents, si son Gouvernement ne protege et ne récompense pas les découvertes utiles.

Les Anglais pensent que le commerce est la base des intérêts politiques, et l'équilibre des puissances; ils en ont fait une science, et cette science, ils la cultivent par prédilection. C'est pour diriger les opérations de leurs Négocians, qu'ils ont consacré dans leurs statuts, neuf axiomes, que je ne crois pas inutile de rapporter ici.

1°. L'exportation du superflu, est le gain le plus clair que puisse faire une nation.

2°. La maniere la plus avantageuse d'exporter les productions superflues de la terre, c'est de les manufacturer auparavant.

3°. L'importation des matieres étrangeres pour être employées dans des manufactures, au lieu de les tirer toutes mises en œuvre, épargnent beaucoup d'argent.

4°. L'échange de marchandises contre marchandises, est avantageux en général, hors les cas où il est contraire à ces principes même.

5°. L'importation des marchandises qui empêchent la consommation de celles du pays, et qui nuisent au progrès de ses manufactures et de sa culture, entraînent nécessairement la ruine d'une nation.

6°. L'importation des marchandises étrangeres de pur luxe, est une véritable perte pour l'Etat.

7°. L'importation des choses de nécessité absolue, ne peut être estimée un mal ; mais une nation n'en est pas moins appauvrie.

8°. L'importation des marchandises étrangeres, pour les réexporter ensuite, procure un bénéfice réel.

9°. C'est un commerce avantageux, que de donner ses vaisseaux à fret aux autres nations.

A l'exemple des Américains, nous devons adopter la législation de l'industrie Anglaise, comme le plus sûr moyen d'assurer l'affranchissement et la prospérité de la nôtre.

La sagesse annoblit l'imitation même, et celui qui n'imite qu'après avoir examiné, se rend indépendant de ses modeles; il ne les suit point dans leurs erreurs, et ne s'en sert que pour marcher à la perfection.

Je désirerais donc que la Nation Française consacrât, par une résolution solemnelle, ces mêmes principes qui nous sont applicables, comme à la nation qui les a proclamés, et qu'elle y en ajoutât un dixieme, conçu en ces termes.

10°. Importer de la Grande-Brétagne pour une plus forte somme que nous ne lui exportons, est une calamité publique.

Il y a pour le Gouvernement, nécessité d'encourager la population, pour avoir un grand nombre d'hommes ; il y a nécessité encore, pour les employer le mieux possible, de favoriser les différentes professions, proportionnément à leurs différens degrés d'utilité ou de commodité.

L'agriculture se place d'elle-même au premier rang, puisque sans elle il n'y a point de matiere premiere, et qu'en nourrissant les hommes, elle peut seule les mettre en état d'avoir tout le reste.

Le commerce intérieur n'en est pas un pour la Nation, et n'est qu'une simple circulation. Le Gouvernement ne connait de commerce véritable que celui par lequel il se procure son nécessaire de l'étranger, en se debarrassant de son superflu, relativement à l'universalité des citoyens.

Mais ces exportations et ces importations ont des loix différentes, suivant leurs divers objets ; ainsi, le commerce des états bien administrés, vivifie tout, soutient tout, s'il est extérieur, et que la balance soit favorable ; s'il est intérieur, et que la circulation n'ait point d'entraves, il doit nécessairement procurer à la Nation l'abondance et le bien-être.

La richesse réelle d'un Etat, est donc le plus grand degré d'indépendance où il est des autres Etats pour ses besoins, et le plus grand superflu qu'il a à exporter. Sa richesse relative dépend de la quantité de richesses de convention que lui attire son commerce, comparé avec la quantité des mêmes richesses que le commerce attire dans les Etats voisins. C'est la combinaison de ces richesses réelles et relatives, qui constitue l'art et la science de l'administration du commerce politique.

Un même commerce peut être utile au Marchand qui le fait, et nuisible à l'Etat ; par exemple, si un Négociant introduit dans son pays des marchandises étrangeres qui nuisent à la consommation des manufactures nationales, il est constant que ce Marchand gagnera sur la vente de ces marchandises, mais l'Etat perdra, savoir :

1°. La valeur de ce qu'elles ont coûté chez l'étranger.

2°. Le salaire que l'emploi des marchandises nationales aurait procuré à divers Ouvriers.

3°. La valeur que la matiere premiere aurait produit aux terres du pays.

4°. Le bénéfice de la circulation *de toutes ces valeurs certaines*, l'aisance qu'elle a répandue par les consommations sur divers autres sujets.

5°. Les ressources que l'Etat a eu droit d'attendre de l'aisance de ses habitans.

Aucune nation n'a mieux traité les matieres de commerce que les Anglais. Les ministres étudient tous les ouvrages qui s'y rapportent, et s'occupent sans cesse du soin d'en faire des applications utiles. C'est un chef-d'œuvre en politique que leur tarif des droits d'entrée et de sortie. Il est des matieres premieres qui jouissent de l'exemption des droits à l'entrée, et d'autres à qui il est accordé des primes. Enfin, on dirait qu'il a été dicté par les Manufacturiers Anglais, intéressés à retenir dans l'intérieur, le prix de main-d'œuvre de toutes les marchandises.

Une des causes qui a determiné, chez ces peuples, la maniere de faire le commerce par compagnie, est qu'ils savent mieux que nous, que pour faire tout-à-la-fois un commerce avantageux à l'Etat et aux particuliers, il ne suffit pas d'être Manufacturier, mais qu'il faut encore réunir des lumieres générales pour vendre, faire connaître et exporter les productions de ses manufactures. Il arrive assez souvent qu'un Artiste éclairé n'est qu'un Négociant médiocre ; et même qu'un Négociant habile, renfermé dans ses seuls moyens, n'obtient que des succès limités ; au lieu que l'administration d'un commerce en grand, confiant à chaque citoyen la partie à laquelle il est propre, il résulte d'une semblable organisation, qu'une compagnie fait des bénéfices où des particuliers se ruineraient.

Il est en France un grand nombre de Départemens qui possedent des mines qui n'ont jamais été exploitées, et notamment des mines de cuivre et de plomb, dont nous avons un si grand besoin ; il en est même qui ont des mines de fer et des *bois*, connus de leurs habitans; mais il faudrait que le Gouvernement stimulât leur indifférence.

Le moment où nous sommes est celui, sans doute, où le Gouvernement a le plus besoin des ressources de notre sol, pour parer, autant que possible, aux pertes qui ont été la suite inévitable de notre révolution ; ces ressources existent dans l'exploitation bien entendue des mines que nous possédons.

Il s'agirait d'envoyer en résidence, dans chaque Département, un Ingénieur des mines, qui réunirait assez de connaissances en chimie et en histoire naturelle, pour faire la recherche la plus exacte de toutes les mines du Département auquel il serait attaché, et donner au Gouvernement une connaissance exacte de toutes ses richesses dans ce genre, en lui indiquant les moyens d'exploitation les plus avantageux.

Les Anglais ne sont pas plus inventeurs que nous, et si notre Gouvernement fait ce qu'il convient, nul doute que, comme eux, nous ne tirions le plus grand parti de nos mines ; nul doute que nous ne fassions, dans ce genre, les découvertes les plus heureuses ; et nul doute, enfin, qu'en fort peu de temps, nous ne tirions les mêmes avantages qu'eux, des moutons, des balanciers, des découpoirs, des laminoirs et autres machines, pour mettre en œuvre toutes ces productions de la nature ; pour cela, il faut, comme ils nous en donnent l'exemple, honorer les connaissances utiles, et ne pas craindre de se livrer aux dépenses qu'exige l'exécution d'un plan sagement rédigé.

La différence du sens des mots Sociétés et Compagnie, ne consiste que dans le plus petit ou le plus grand nombre de membres qui les composent. La constitution a bien détruit toute espece de corporation, mais elle ne s'oppose, en aucune maniere, à la réunion d'un grand nombre d'individus, pour s'occuper d'objets de commerce, qui ne peuvent être traités qu'en gran si l'on veut obtenir les succès qu'on s'en promet. J'ai dit ailleurs que mo but est de présenter un plan d'attaque au commerce Anglais ; pour cel il faut au moins avoir les mêmes armes qu'eux.

Plus que jamais la France a besoin de la réunion de plusieurs ind vidus pour faire un commerce avantageux, puisqu'il n'existe plus de grand fortunes particulieres. Je sais bien que des Négocians, que des Artist pourraient, sans l'attache du Gouvernement, former entr'eux des pact sociaux ; mais les établissemens que je propose, sont trop directement util au Gouvernement lui-même, pour devoir être entrepris avant de lui avoir fait hommage ; ils sont d'ailleurs d'une importance trop majeure, entraînent trop de difficultés, pour se passer aisément de sa protection de ses secours.

La France, à qui la nature a tant accordé de superflu, s'est occupé jusqu'à ce jour, si particuliérement du commerce de luxe, que je crois Gouvernement obligé de fixer aujourd'hui ses regards sur la fabricati presque exclusive des objets de premiere nécessité ; par conséquent, sur manufactures que je propose d'établir dans le Département de Loir comme destinées à augmenter considérablement les forces de l'Etat, et dim nuer ses dépenses.

Pour tirer les habitans du Département de Loire de l'état de routine d'apathie où ils se trouvent, et développer en eux une émulation et des for industrielles qui répondent à la *richesse du territoire qu'ils habitent*, voic je pense, ce qu'il faudrait :

1°. Former dans la ville de St. Etienne une bibliotheque publique, com posée de la collection de tous les ouvrages Français, ou traduits en no langue, qui traitent du dessin, de l'architecture, de la chimie, de la min ralogie, de la métallurgie, de la physique, de la géométrie, de la m canique, de l'hydraulique, des mathématiques et du commerce.

2°. Ouvrir des écoles gratuites de dessin, mécanique et mathématiq

3°. Etablir dans chaque école des distributions de prix annuels.

4°. Faire connaitre que le Gouvernement verrait avec plaisir le gra commerce qui se formerait sur les bases établies dans ce mémoire, po la mise à exécution de tous les objets projetés.

5°. Nommer aux trois places que je désignerai dans l'article 15, d citoyens qui recevront les soumissions des personnes qui voudront concour aux établissemens dont il s'agit, soit comme simples actionnaires, soit com coopérateurs ; au moyen de quoi, l'association aurait lieu sans retard, et présenterait son prospectus au Gouvernement.

Ainsi, l'esprit national se montera, dans le Département de Loire, à la hauteur des vues que m'ont inspiré ses mines, ses rivieres, tous les avantages locaux qu'il tient de la nature ; avantages tels, qu'aucun autre lieu en France, n'en offre qui puissent leur être comparés, et que leur influence sur la prospérité de l'Etat, se fera sentir à l'instant même, où pénétré de leur importance, on se sera mis en devoir d'en profiter.

ARTICLE XIII.

ESPRIT des loix qui dirigent les Manufactures Anglaises.

LES nouvelles entreprises en tout genre d'industrie, sont, depuis longtemps, en Angleterre, la maniere la plus avantageuse de placer des capitaux ; il suffit aux auteurs d'une invention de présenter un prospectus, pour que, dans l'instant, il se forme une compagnie de gens riches et d'Artistes, qui, donnant la plus grande extension à la fabrication de l'objet inventé, y trouvent des bénéfices considérables. L'auteur qui invente, comme celui qui perfectionne, en fait d'arts et métiers, s'adresse à la loi, qui ne repousse personne ; la chancellerie est obligée d'appointer sa requête, et lui donner date de sa déclaration, afin de prévenir par-là toutes celles qui pourraient être faites sur le même objet ; on dresse de suite des patentes qui obligent l'inventeur à fournir, dans le délai de 4 mois, la description exacte de la découverte qu'il vient d'annoncer.

Ces mêmes patentes autorisent celui qui les obtient, à céder son droit de fabrication exclusive pendant le temps limité, à qui bon lui semble, ou à ouvrir une souscription pour former une compagnie.

De cette maniere, le Gouvernement Anglais, par des lois sages et prudentes, appelle les Artistes de tous les peuples : tout en favorisant les nouvelles entreprises, il ne partage aucun de leurs dangers ; il ne fait aucune avance, rencontre toujours des avantages ; chacune de ses opérations offre un bénéfice et trouve un profit ; la reconnaissance et la prospérité de sa nation toujours croissantes, le récompensent à chaque instant, du respect religieux qu'il conserve pour les droits de l'homme, et de la sa protection qu'il accorde à ceux du citoyen.

C'est par une conséquence de la sagesse de ces loix, que nous voyo cette foule de marchandises Anglaises insulter aux nôtres, et s'étaler a faste, dans nos boutiques les mieux assorties : pénétrez au sein de habitations, parcourez nos tables même, vous verrez que, par-tout, l'A gleterre a mis dans ses intérêts nos goûts, nos fantaisies, nos caprices : c cette nation industrieuse, l'esprit d'invention, toujours accueilli, toujo favorisé, inspire sans cesse à l'opulence de nouveaux désirs, et prescrit travail de nouvelles tâches ; c'est lui qui présente à l'Artisan pauvre moyen de faire fortune ; au riche Artiste, celui d'augmenter la sien c'est lui qui entretient les fonds des uns et des autres dans une circulat toujours plus rapide, grossit le trésor public, rend la cupidité même uti et bannit l'aspect affligeant de la pauvreté ; c'est encore lui qui tourme sans relâche un sol toujours prêt à se refroidir, qui le féconde, qui ranime et répand dans les campagnes de la Grande-Brétagne un écla une vie dont la nature et le climat s'étonnent également. C'est l'es d'invention, enfin, qui assujettit l'Europe, que dis-je ! le monde entier un tribut volontaire et constant, envers un peuple que je compare à grande corporation d'Artistes.

Je viens de dire que le Gouvernement Anglais attirait, par la sag de ses loix, les Artistes de tous les pays ; en effet, il y a plus de moitié d'étrangers dans le nombre de ceux qui possedent chez eux des vileges d'invention ; et nous avons la douleur de compter, dans cette ar auxiliaire, grand nombre de Français, dont le génie fut méconnu ou poussé dans leur propre patrie. Voilà comme les Anglais nous font se à leur triomphe ; comme ils nous opposent à nous-mêmes ; comme, en par l'accueil que depuis deux siecles cette Nation éclairée fait à toutes nouvelles inventions, elle assure à son industrie une supériorité incon table sur celle de tous les peuples du monde.

ARTICLE X

ARTICLE XIV.

Avantages que nous donne la nature pour nous élever au-dessus des Anglais, si le Gouvernement veut y coopérer.

J'ai dit qu'il doit entrer dans les desseins paternels du Gouvernement, de vivifier, ou pour mieux dire, de ressusciter l'industrie Française ; pour le prouver, il doit me suffire d'ajouter que les arts ont par-tout un droit de cité, et que leurs intérêts sont les mêmes que ceux des citoyens ; comme eux, ils ont besoin de liberté et de loix ; comme eux, ils sont fondés à demander une constitution.

Tous les articles de cette constitution, doivent porter avec eux le caractere d'une protection spéciale, que les inventeurs réclament à si juste titre, et que la Nation a tant d'intérêt à leur accorder.

Malgré tous les ressorts employés en Angleterre, pour provoquer le génie d'invention, et toutes les entraves que les inventeurs ont éprouvées en France, jusqu'à ce jour, on doit s'étonner de voir que notre industrie, en plus d'un genre, a conservé la supériorité sur celle des Anglais ; ils ne l'ignorent pas ; ils savent que notre Nation ne leur cede en rien, ni pour l'aptitude au travail, ni pour les facultés de l'esprit, ni pour les dons du génie ; ils savent que notre population surpasse beaucoup la leur, que notre terre est plus féconde, que nos productions sont plus variées, que notre sol offre de lui-même la plupart des matieres premieres que leur commerce va chercher au-delà des mers ; ils savent, enfin, que chez nous une plus vaste étendue de terrain, une position plus heureuse et plus d'aménité dans les caracteres, nous donnent sur eux de grands avantages, en n'employant que les mêmes moyens.

Quant à nous, persuadons-nous bien que nous pouvons acquérir tous les avantages qu'ils ont, et que nous en avons sur eux qu'ils ne nous raviront jamais.

Donnons donc à la vivacité Française un libre essor, dans une juste direction ; appellons le génie d'invention à notre secours, ou seulement ne le repoussons point ; il est indigene en France ; il habite parmi nous ; qu'il soit libre, enfin, qu'il rentre dans ses droits, et bientôt nous le reconna trons à ses bienfaits; bientôt il saura découvrir à mille citoyens des trés cachés au fond de leur pensée; bientôt, n'en doutons point, il viend dans nos ateliers seconder nos efforts, faciliter nos travaux, perfection nos ouvrages, inspirer nos plus modestes Artisans et les faire passer souda d'une longue obscurité à tout l'éclat de la fortune et de la renommée. C espoir n'est point une illusion; un mot du Gouvernement peut le réalis

Qu'il trace premiérement, dans le plus court délai, des réglemens fondés sur les principes que je viens d'établir, et sur ceux que j'ai expos en traitant la matiere des privileges, qui, conservant les intérêts de l'invente tournent au profit de la Société, et qu'ensuite il autorise la formation la Compagnie que je propose.

Si le Gouvernement fait ces deux choses, c'en est fait du commer Anglais, pour les objets que je traite dans ce Mémoire; mais s'il diff de s'en occuper, je le préviens que nos maux s'aggraveront, au point devenir peut-être incurables.

On ne peut se disimuler qu'il existe en France un préjugé contre Compagnies, qui peut-être est né de l'abus d'autorité qu'elles ont pu fa dans des temps reculés. Mais puisqu'il n'y a pas d'autres moyens po réaliser les grandes entreprises, que d'en confier l'exécution à des coopér teurs réunis et associés, et que ce soit là l'arme victorieuse qu'ont e ployée les Anglais, pour subjuger notre commerce, nous devons, sa hésiter, nous en servir *contr'eux à notre tour*, en tâchant même de éclipser dans l'organisation philantropique que nos Commerçans et Artistes recevront.

La Compagnie que je propose d'établir, honorée de la protection et la confiance du Gouvernement, ne songerait plus qu'à la justifier par succès, par son exactitude et sa fidelité dans ses engagemens; par respect pour la maxime qui veut que tous les hommes soient égaux droits, sans cesser néanmoins de reconnaître la subordination et les devo que leur imposent les diverses fonctions qu'ils remplissent.

Sachant que rien n'est impossible au génie qu'on n'entrave point, e la volonté qui ne se dément pas, elle trouvera toutes les ressources péc niaires dont elle pourra avoir besoin, en apprenant aux Français ai que, de tous les moyens d'accroître leur fortune, il n'en est point de p séduisant pour l'intérêt personnel, ni de plus flatteur pour celui qui ai son pays, que de placer ses capitaux dans des entreprises utiles. Chaq découverte qui prospere, est une conquête sur l'ignorance, et un tribut sur tout le genre humain ; et ceux qui, par l'emploi de leurs facultés, ont contribué à sa réussite, goûtent une jouissance d'autant plus précieuse, qu'ils montrent à leur patrie, dans les profits qu'ils ont faits, le thermometre de sa prospérité.

Cette Compagnie, sachant que c'est aux Français que les arts doivent la découverte du premier Balancier qui fut porté en Angleterre, où il a été en usage long-temps avant que nous nous en soyons servis ; celle du premier métier a Bas, inventé par un citoyen de Nismé, qui contrarié en France, passa encore en Angleterre ; celle du premier Moulin à papier et à cilindre, qui fut porté en Hollande, ainsi que bien d'autres inventions, dont les auteurs ont enrichi les pays étrangers, s'attachera non-seulement à obtenir que désormais le nôtre profite le premier des siennes, mais encore, par une proclamation paternelle, elle invitera tous les Français à rentrer dans leur patrie, devenue libre et reconnaissante.

Voulant mériter de plus en plus la bienveillance paternelle du Gouvernement, et convaincue que les principes d'économie doivent marcher les premiers dans un Etat qui veut faire face à tout, elle s'occupera constamment de toutes les especes possibles d'amélioration, dans la perfection et le bas prix de toutes les fournitures qu'elle fera ; il en résultera que le Gouvernement s'applaudira de plus en plus de posséder une Compagnie qui le déchargeant de tous les détails de fabrication, de marchés ; de soumissions, le pourvoira, dans tous les temps, avec autant de promptitude que d'économie et d'utilité.

Elle prendra des mesures telles, que les citoyens qu'elle occupera, ne se ressentent jamais de la cessation de travail, en organisant ses ateliers de maniere, qu'en temps de guerre, tous les bras soient employés à la défense de l'Etat, et qu'en temps de paix, ils le soient à la splendeur du commerce.

Pouvant acheter ses matieres premieres au plus bas prix possible, en raison de l'immensité de ses besoins et des avances qu'elle pourra faire, elle fera tourner cet avantage au bénéfice de la chose publique, en augmentant le plus possible notre commerce d'exportation.

Comme elle emploiera tous les métaux et demi métaux, elle entretiendra une correspondance active avec les Ingénieurs des mines, que je désire qu'on envoie en résidence dans tous les Départemens, pour connaître leurs nouvelles découvertes, en faire l'application à nos besoins, et indiquer au Gouvernement celles qui, les premieres, méritent son attention.

Toujours au-dessus des écarts de la cupidité, et pour que tou les Ouvriers concourent, par tous les moyens qui peuvent être en leu pouvoir, au succès de l'entreprise, et les y attacher par la reconnaissance la Compagnie prélevera chaque année, sur ses bénéfices, une part, qui ser employée à élever à l'humanité souffrante un hospice, où seront reçus tou les vieillards indigens hors d'état de travailler, et ceux qui, en travaillan pour la Compagnie, auraient eu le malheur de s'estropier. Ceux des citoyen reçus dans cet hospice qui pourront encore être propres à quelques travau ou quelques emplois, seront obligés de se livrer à ceux qui auraient ét jugés proportionnés à leur force ou à leurs talens.

Alors, n'en doutons pas, les Ouvriers s'attacheront à la Compagnie, e la Compagnie se fera chérir de l'Etat.

ARTICLE XV.

ORGANISATION d'une Compagnie à former dans le Département de Loire pour l'exécution de tout ce que je propose.

J'AI donné, dans l'article précédent, les bases principales sur lesquell doivent être élevées les grandes Manufactures que j'ai conçues. Entron maintenant dans quelque détail sur l'organisation de la Compagnie prépos à son Administration, et sur le bon esprit qui devra diriger ses opératio et ses vues.

Cette Compagnie sera gérée par un Conseil d'administration, qui au la direction générale de tout l'établissement, et proposera au Gouverne ment toutes les loix et réglemens que nécessitera sa prospérité.

Ce Conseil sera composé, savoir :

1°. D'un Ordonnateur pris dans la classe des Négocians, dont les fon tions seront, 1°. de faire exécuter les loix et réglemens relatifs à la con titution de l'établissement. 2°. D'ordonnancer, par un *visa*, tous les eng gemens et tous les paiemens. 3°. De passer des marchés, qui cependa ne pourront avoir leur exécution, qu'après avoir été soumis et approuv par le Conseil ; il sera, en outre, chargé de requérir l'exécution des lo de l'Etat, si le Conseil d'administration s'en écartait dans ses délibératio

2°. D'un Inspecteur général, pris dans la classe des savans Artistes, dont les fonctions seront de diriger l'exécution de toutes les grandes opérations; de se faire rendre compte, journellement, par des Inspecteurs particuliers, qui seront, sous ses ordres, chargés de tous les détails ; de faire, à la fin de chaque mois, un rapport circonstancié et par écrit, sur les résultats obtenus, et proposer les moyens d'amélioration dont il croira susceptible chaque partie de l'établissement.

3°. D'un Contrôleur, pris dans la classe du Commerce ; il serait chargé de toutes les recettes et dépenses, et aura sous ses ordres, autant de payeurs particuliers et autres préposés, que l'étendue et l'activité de l'établissement l'exigeront.

4°. De quatre Directeurs-Rapporteurs, à qui toutes les affaires contentieuses et les réclamations seront renvoyées pour en présenter leurs rapports au Conseil. Le Conseil d'administration sera donc composé de sept personnes ; sa premiere fonction sera de nommer un Agent général, dont la résidence sera à Paris, et dont les fonctions seront de solliciter du Gouvernement, d'après les instructions qu'il recevra du Conseil d'administration, toutes les loix, réglemens et mesures qui pourront tendre à perfectionner ou faire prospérer l'établissement, et de rendre compte à ses commettans du succès de ses démarches.

Il y aura tous les jours, à midi, une conférence chez l'Ordonnateur, où chaque membre du conseil pourra proposer des objets à décider, qui ne pourront pas attendre les époques des conseils.

Il y aura, tous les cinq jours, un conseil où chaque membre rendra compte de ce qui aura eu lieu depuis le dernier, dans son administration particuliere. Je pense qu'il conviendra que le Gouvernement nomme aux trois premieres places pour la premiere composition seulement ; ce qui formerait le noyau de la Compagnie.

Il ne suffira pas, pour être élevé aux diverses places administratives, soit en chef, soit en sous-ordre, d'avoir les talens nécessaires ; il faudra, de plus, prendre un nombre d'actions proportionnées aux diverses fonctions, et qui seront déterminées par le prospectus de formation définitive ; ce qui sera, pour la Compagnie, une caution de la pureté d'intention des Administrateurs, à concourir au plus grand bien de la chose.

Comme je presume qu'avant peu d'années, on tiendra à grand honneur d'avoir contribué à la formation de cet établissement, mon intention serait que les actions ne fussent que de deux mille livres effectives, pour procurer à un plus grand nombre de Français, la faculté de pouvoir se glorifier un jour du nom d'Actionnaire de cette entreprise, et de jouir des bénéfices qu'elle procurera.

Les actions ne seront négociables et transmissibles, qu'avec l'attache du Conseil, autant parce qu'il est utile qu'il connaisse tous les intéressés, que pour prévenir les occasions d'agiotage.

Il faudrait être Français ou naturalisé tel, pour être actionnaire. Comme les bénéfices de cette affaire sont sûrs, les étrangers ne manqueraient pas d'en faire un objet de spéculation. Les porteurs d'actions qui voudront les réaliser, se présenteront au Conseil qui les remboursera, d'après un mode établi. La Compagnie ne perdra pas de vue, que le choix des sujets qui doivent être chargés de la conduite de cette entreprise, est le point le plus essentiel; tel est capable d'embrasser des points de vue généraux, qui ne serait nullement propre aux objets de détail.

Elle sera donc inflexible dans les motifs de justice et d'équité, qui détermineront ses choix; elle aura sans cesse cette vérité présente, que l'homme qui n'est qu'éclairé, réussit souvent mal dans les fonctions administratives qui lui sont confiées; qu'aux lumieres, il est indispensable de joindre un caractere liant, des mœurs douces, et sur-tout quelque connaissance des passions du cœur humain; car ce n'est qu'en leur donnant une direction bien entendue, qu'on obtient d'elles les succès que l'on poursuit.

Elle formera un juri des arts, composé, dans tous les genres qui lui seront analogues, des citoyens les plus instruits qu'elle pourra réunir. Ils devront être Actionnaires, par les principes que j'ai déduits et ceux que j'établirai encore. Leur salle d'étude et de travail, sera attenante à la bibliotheque que j'ai demandé au Gouvernement, dans l'article 12. Le Conseil d'administration, et particuliérement l'Inspecteur général, leur présentera des questions à résoudre; on leur demandera des machines propres à simplifier la main-d'œuvre de telles ou telles opérations.

Qui pourrait calculer tout le bien qui résultera d'une association d'hommes, uniquement employés à préparer des secours à nos manufactures!

Qui pourrait calculer toutes les merveilles que le mécanisme, cette prodigieuse extension de la force et de l'adresse des hommes, serait capable d'opérer, au moyen de l'émulation qu'exciterait l'établissement dont il s'agit!

C'est une grande vérité, qu'en France, les idées les plus heureuses retombent dans l'oubli, faute de moyens pour les réaliser.

La Compagnie, pénétrée de cette vérité, formera un atelier d'épreuves, où toutes les matieres, où tous les outils seront fournis à tous les citoyens qui lui seront attachés, et qui voudront faire des essais ; s'ils ne réussissent pas, il ne leur en coûtera que le temps qu'ils auront perdu ; s'ils réussissent, leur procédé sera soumis au juri des Arts, sur le rapport duquel la Compagnie décernera une récompense proportionnée à l'utilité de la découverte.

Il est une autre sorte de récompense, que je desire que la Compagnie offre aux jeunes Artistes qui se distingueront le plus.

L'un des présens les plus chers que le ciel puisse faire à l'homme, c'est une épouse belle, douce et vertueuse ; la Compagnie dotera douze jeunes filles, choisies parmi leurs compagnes, à la pluralité des voix, pour les donner en mariage à ceux qu'on jugera le mériter le mieux, et qui mettant, à des liens contractés sou de pareils auspices, le prix qu'ils doivent naturellement avoir, déclareront préférer ce genre de récompense à tout autre.

La cérémonie de ces mariages se fera chaque année le même jour, et ce jour sera celui d'une fête civique, pour toutes les personnes attachées à la Compagnie. Chaque individu sacrifiera, ce jour-là, le prix d'une journée de travail, qui fournira facilement aux frais des banquets fraternels, et des danses publiques qui constitueront les plaisirs de cette fête, dans chaque village.

Il serait bien que ce jour fût celui où la France consacrera par une loi, que les Manufactures précitées seront mises en activité. Alors cette fête pourra être appellée, la Fête des Bonnes Mœurs, et de la restauration des arts en France (*).

Avec de semblables motifs d'encouragement, il me semble qu'un nouvel ordre de choses est prêt à paraître, et que les imaginations Françaises vont devenir autant d'ateliers invisibles où se prépareront les changemens utiles à tout ce que nous connaissons. A cette premiere pensée qui charme mon esprit, il s'en joint une seconde, qui délecte mon cœur ; c'est que toutes ces idées, toutes ces méditations, tous ces essais et tous ces travaux, ne peuvent se diriger en dernier résultat, qu'au soulagement et à l'embellissement de la Société ; car servir le monde ou lui plaire, voilà le but de tous les inventeurs.

(*) Voyez l'article 18.

La Compagnie, convaincue que pour le succès d'une entreprise aussi vaste, ce n'est point assez d'avoir des capitaux, mais qu'il faut encore en bien diriger l'emploi, et par conséquent s'entourer de la plus grande masse possible de lumieres, invitera tous les Français, dont les talens isolés ne sont profitables, ni à eux, ni à l'état, à venir les exercer de préférence dans un lieu où la Patrie les appelle, pour les faire concourir à sa splendeur, et les récompenser.

Elle écartera de son administration tout esprit de domination, et sachant que rien n'est plus funeste aux grandes entreprises, que la mésintelligence, la méfiance et la jalousie, elle demandera au Gouvernement la faculté d'établir des conseils de discipline, où s'applaniront les difficultés qui pourront naître, conformément à un réglement, fondé sur les vertus sociales les plus essentielles à pratiquer.

Sachant que l'intérêt particulier est généralement le mobile de la conduite de tous les hommes, et que par conséquent, on doit attendre peu de celui qui est à appointemens fixes, elle proscrira cet usage, pour adopter un mode de traitement, qui forcera tous les agens à concourir au bien général.

D'après le même esprit, elle ne donnera jamais d'emploi à quiconque ne serait pas Actionnaire, quelques talens qu'il eût d'ailleurs. Sachant qu'il n'y a que les grandes Compagnies de commerce, qui puissent rendre de grands services à l'Etat, elle se procurera une collection de tout ce qui a été écrit sur le commerce de tous les peuples, pour se former une jurisprudence, dont les résultats devront tendre à diminuer notre importation, augmenter notre exportation, attirer les spéculateurs, assurer par la confiance, à nos marchandises, les débouchés dont elles auront besoin. Ainsi, s'occupant sans cesse d'améliorer le commerce de France en général, et plus particuliérement dans les objets relatifs à son établissement, elle fera part au Gouvernement du fruit de ses recherches.

Sachant que les moyens les plus honnêtes de faire fortune, sont ceux qui viennent des talens et de l'industrie, et qu'à la tête de ces moyens on doit placer le commerce, elle s'efforcera de changer l'esprit public en France à son égard. Quelle différence pour le sage, entre la fortune d'un courtisan faite à force de bassesse et d'intrigues, qui tendent souvent à ruiner l'Etat, et celle d'un Négociant, qui ne doit son opulence qu'à lui-même, et qui par cette opulence, procure le bien de son pays ! C'est une étrange barbarie dans nos mœurs, et en même temps une contradiction bien ridicule, que le commerce, ou, comme je viens de le dire, la maniere la plus honnête de s'enrichir, ait été regardée par les nobles avec mépris

jusqu'à

jusqu'à l'époque de la révolution, et que les fruits de ce même commerce servissent néanmoins à acheter la noblesse. Cet esprit de parti et d'ostentation était si prononcé, qu'à peine un Négociant avoit-il obtenu, comme récompense, une des quatre lettres de noblesse que l'ancien Gouvernement accordait chaque année aux Négocians qui avaient le mieux mérité ; ou s'en était-il procuré, moyennant finances, que, traitant avec hauteur les membres de la classe qu'il venait de quitter, affectueux seulement pour l'espece d'hommes auxquels il s'assimilait, la sottise et l'orgueil composaient son existence.

Il était temps sans doute, que tous ces préjugés disparussent devant la raison, et que les considérations humaines ne fussent plus que pour les hommes de toutes les classes, qui se font le plus remarquer par leur amour du bien public.

Ce qui distingue le plus les Négocians entr'eux, est la confiance qu'ils méritent, et qui est toujours marquée par le crédit qu'ils obtiennent.

La confiance est un effet de la connaissance et de la bonne opinion que nous avons des qualités de ceux à qui nous l'accordons.

Le crédit est la faculté d'emprunter sur l'opinion conçue, par le prêteur, de l'assurance du payement.

Les richesses d'opinion, qui multiplient si prodigieusement les richesses réelles, sont fondées sur le crédit ; c'est-à-dire, encore sur l'idée que l'on s'est formée des ressources et de la solvabilité du Négociant avec qui l'on traite. Il en est, au surplus, des ressources comme du crédit ; un usage raisonnable les multiplie, mais l'abus que l'on en fait les détruit. Il ne faut ni les méconnaître, ni s'en prévaloir ; il faut les rechercher comme si l'on ne pouvait s'en passer, et les économiser avec le même soin que s'il était désormais impossible de se les procurer.

Une fausse opération en finances, pour un Etat comme pour une grande Compagnie, peut altérer son crédit ; tout se lie, se touche, se correspond. Il en est des finances comme de l'électricité ; le moindre mouvement se communique avec rapidité, depuis celui dont la main approche le plus du conducteur, jusqu'à celui qui en est le plus éloigné.

La Compagnie, pénétrée de ces grandes vérités, fera tout pour obtenir le crédit qu'elle méritera, et dont elle ne fera d'autre usage, que celui que lui commanderont ses besoins, pour porter les entreprises au plus haut degré d'utilité.

Je n'entrerai pas ici dans de plus grands détails, sur les finances de la

Compagnie ; il faut, d'ailleurs, que préalablement le Gouvernement ait prononcé sur ce mémoire ; mais je crois pouvoir annoncer, que celle dont je lui propose de favoriser l'établissement, déterminant avec facilité, malgré les vicissitudes de la révolution, la confiance du public, par la certitude des bénéfices que les prêteurs retireraient ; obtiendrait, en fort peu de temps, un crédit semblable à celui qu'avait la Caisse d'escompte en 1788. Dans ce cas, il est permis de concevoir de cette nouvelle circulation, des espérances heureuses pour le Commerce et pour l'Etat.

ARTICLE XVI.

Mesures qu'il convient de prendre pour faire évanouir la préférence que les Français accordent aux Marchandises Anglaises, et empêcher leur importation.

La soumission entiere aux loix de l'Etat est sans doute un des premiers devoirs du Négociant ; mais il doit encore à sa patrie un amour de préférence, puisqu'elle le fait jouir avec avantage, de ses spéculations. D'après ces principes, celui qui introduit des marchandises, dont l'entrée est prohibée, et se livre à un commerce d'importation, qui tend à avilir les manufactures de son pays, est doublement coupable.

La répugnance que les Anglais ont toujours montrée à faire usage des marchandises Françaises, fait l'éloge de leur patriotisme ; elle est telle, que ces marchandises ne trouveraient souvent pas des acheteurs, si elles n'étaient pas présentées comme de fabrication nationale. Les Anglais savent que si nous donnions quelque perfection à nos fabriques ; et à notre commerce l'extension dont il est susceptible, ils seraient forcés de nous céder la prépondérance ; mais ils ont le bon esprit de ne pas y coopérer, par leur consommation.

N'est-il pas affligeant de voir, au contraire, les Français importer de leurs éternels ennemis, des marchandises qu'ils pourraient fabriquer, et fabriquent souvent aussi bonnes, porter l'incivisme mercantil jusqu'à donner le nom de *marchandise Anglaise*, à celles qui se fabriquent en France, pour les vendre à un plus haut prix, et spéculer ainsi honteusement sur un préjugé qui désole et décourage les Manufacturiers ? Mais il ne faut pas espérer de changer l'opinion par des raisonnemens; ce n'est pas non plus par des demi-mesures, qu'on fera prévaloir l'intérêt public sur l'intérêt privé. Défendre l'entrée de certaines marchandises, sous peine de saisie aux frontieres, ou les assujettir à des droits, c'est les rendre plus précieuses dans l'intérieur; c'est donner un nouvel appât à l'avidité; c'est provoquer la contrebande. Il faut donc employer des moyens coërcitifs, qui remplissent leur objet. Puisqu'il existe des loix qui prononcent la confiscation de certaines marchandises, lorsqu'on les saisit à leur entrée, pourquoi ne pas les proscrire de la même maniere dans l'intérieur ? pourquoi ne pas les déclarer saisissables toutes les fois qu'elles y seront trouvées ? pourquoi ne pas prohiber formellement tout commerce en ce genre ? Alors l'intérêt privé ne sera plus aux prises avec la loi; alors les Manufacturiers ne craignant plus une rivalité qui les effraie, plus assurés de la consommation, s'efforceront de mériter la faveur due à la perfection et à l'industrie.

ARTICLE XVII.

Abus des Privileges.

Si le Gouvernement prohibe l'importation et le commerce des marchandises étrangeres, il doit, en même-temps, assurer la plus grande liberté à la fabrication intérieure, la dégager de toute espece d'entraves, et donner la plus grande publicité aux découvertes utiles, qui peuvent tendre à sa perfection et à son économie.

La premiere propriété de l'homme, est sans doute sa pensée; propriété indépendante, hors d'atteinte, et antérieure à toutes les transactions, à tous les pactes sociaux.

L'invention, qui est le résultat de la pensée et la source des arts, est aussi très-positivement une propriété primitive, mais elle ne peut pas être exclusive dans la Société; le Gouvernement doit l'honorer par des récompenses, mais non la concentrer par des privileges.

Les privileges exclusifs sont destructeurs de l'émulation et de la liberté; ils sont contraires à l'équité naturelle et à l'ordre social. Il n'est pas juste que parce qu'un homme aura une idée heureuse, huit jours avant un autre celui-ci ne doive retirer de la sienne aucun fruit ; qu'il ne soit plus le maître d'exécuter ce qu'il a conçu. D'ailleurs, la base de l'union sociale n'est autre chose, que l'engagement réciproque de mettre en commun ce qu'on a de force et d'industrie. Nous jouissons du fruit des recherche de ceux qui nous ont précédés : laissons un héritage pareil à nos successeurs (*).

La fiscalité, qui créa les privileges, les fonda sur le spécieux prétexte de favoriser les arts ; mais il suffit de réfléchir pour sentir que ce moyen odieux a du nécessairement produire un effet contraire.

Ce n'est pas ordinairement le premier auteur d'une découverte qui en tire le plus grand parti, et qui la porte au plus haut degré de perfection ; il est des hommes dont le génie naturellement inventif, qui embrassent les idées les plus vastes, mais qui ne sauraient les mûrir et les réaliser ; il en est d'autres qui réussissent à exécuter et perfectionner ce qu'ils n'auraien

---

(*) Est-il bien sûr que nos découvertes soient si fort à nous, que le Public n'aie pas quelques droits ? L'homme ne doit-il pas concourir au bien général de la Société ? Qui y manque, quand il peut y contribuer de quelque chose, et sur-tout quand il ne lui en coûte que de parler, manque, selon moi, à un devoir essentiel. Il est vrai qu'on se plaint, depuis long-temps, du peu de retour du public de ce qu'il ne récompense pas, même de ses éloges, ce qui lui est une fois connu. Un secret, tant qu'il est caché, est regardé comme merveilleux : est-il divulgué, on dit : n'est-ce que cela ? on cherche à démontrer qu'on le savait auparavant. Les plus légeres traces, les moindres ressemblances, sont prises pour des preuves c'est ce qui a fourni prétexte à divers Savans de se réserver des connaissances, et à d'autres, d'envelopper celles qu'ils semblaient communiquer, de façon à faire acheter cher le plaisir de les acquérir. Quand ces plaintes seraient fondées, l'injustice du public supposée aussi certaine et aussi générale que quelques auteurs le prétendent, serait-on autorisé à se réserver ce qui peut lui être utile ? Le Médecin serait-il en droit de refuser du secours, dans un danger pressant, à des malades dont il n'aurait aucune reconnaissance à attendre, et dont même l'ingratitude lui serait connue ? Les avantages de l'esprit intéressent-ils moins que ceux du corps ? Les connaissances justement appréciées, ne sont-elles pas le bien le plus réel ? Je dirai plus, c'est que, ne publier pas ses recherches aussi clairement qu'on le peut, n'en montrer qu'une partie, et vouloir faire deviner le reste, c'est, à mon sens, se rendre responsable du temps qu'on fait perdre à des lecteurs. Je voudrais que les hommes n'admirassent point ceux qui semblent avoir plus cherché à se faire admirer, qu'à être utiles.

jamais imaginé ; dailleurs, les connaissances d'un homme ne sont pas infinies ; il a besoin du secours de ses semblables pour effectuer ce qu'il a conçu. Un Méchanicien imagine une machine utile ; il peut bien fixer les dimensions des différentes pieces qui doivent la composer ; déterminer leur position et leur jeu ; calculer leur frottement, leur effort, leur puissance ; mais s'il veut en venir à l'exécution, comme il n'est pas à la fois menuisier, forgeur, etc. il est forcé d'avoir recours à plusieurs ouvriers, et la réussite dépend souvent de l'aptitude et de la précision qu'ils y apportent : il faut donc, pour leur avantage particulier, et sur-tout pour le bien commun, que les Artistes se réunissent ; qu'ils trouvent dans la faveur du Gouvernement les récompenses que leurs différens genres de connaissances et d'industrie peuvent mériter ; qu'ils reçoivent des indemnités qui les dédommagent de leurs travaux, et non pas des privileges qui désesperent et découragent la multitude, qui tuent le talent en faisant cesser la concurrence et l'émulation.

Si l'invention de l'Artiste a pour objet la fabrication d'une marchandise que nous tirons de l'étranger, c'est alors, sur-tout, qu'il convient de la rendre publique, pour qu'elle reçoive toute l'extension, toute la perfection dont elle est susceptible, et qu'elle puisse rivaliser au moins les autres manufactures. Le privilege ne tendrait, au contraire, qu'à la concentrer et à l'anéantir ; mais dans ce cas, le Gouvernement doit généreusement accorder, pendant quelques années, une prime (*) à l'inventeur sur sa fabrication ; alors les Manufacturiers qui voudront fabriquer le même objet, feront usage de toute leur industrie, de toute leur activité pour trouver de nouveaux moyens d'économie et de perfection qui balancent cette prime : ainsi, le Gouvernement, par de légers sacrifices, verra fleurir, dans son sein, le Commerce et les Arts.

S'il est question de la découverte d'une fabrication inconnue, il convient de même de l'activer par la publicité ; mais, si l'auteur veut garder son secret, alors il se paie par lui-même, et l'Etat ne lui doit aucun retour. Lui accorder un privilege, ce serait récompenser l'égoïsme ; ce serait exercer une tyrannie sur la pensée des autres hommes qui, comme

---

(*) J'ai eu occasion, dans le cours de ce Mémoire, de citer un exemple frappant de l'heureux effet des primes. Plus de 500 métiers, qui fabriquent chacun 30 pieces de rubans, ont été mis en activite à St. Etienne. En moins de trois ans, auroit-on pu se promettre un pareil succès d'un privilege exclusif ?

lui, pourraient découvrir le même procédé, et qui, plus amis de leur patrie, voudraient lui en faire l'hommage.

Il est encore des découvertes dont les résultats peuvent être considérés comme de premiere nécessité, et d'autres qui ne peuvent pas, par le grand volume de leur mécanisme, ou par les grandes dépenses que leur exécution exige, être conservées par leurs auteurs (*) : dans ces deux cas, les Inventeurs doivent s'adresser au Gouvernement, lui développer leurs découvertes, traiter du prix de l'indemnité à laquelle ils prétendent, pour n'être payés qu'après l'expérience ; et dans le cas où le succès ne répondrait pas à l'attente, alors la transaction passée entre le Gouvernement et l'Inventeur, serait déclarée nulle.

Les raisonnemens que je viens de faire, sont en général d'une application rigoureuse ; cependant, il peut arriver que l'importance d'une opération, consistant principalement dans le secret, il soit nécessaire de faire,

(*) Un citoyen de cette ville a annoncé, il y a quelques jours, par affiche, avoir trouvé des mécanismes de ces deux genres, ils consistent,

1°. En moulins qui, sans le secours de l'eau, du vent ni des bras, mais avec une puissance moins variable, et susceptible d'être augmentée au besoin, peuvent faire tourner quatre meules dans un seul local, dont l'action produirait une mouture plus réguliere, et qui agirait jour et nuit.

2°. Une machine, au moyen de laquelle, sans le secours de chevaux ni rames on pourrait faire remonter une grande barque chargée, avec le secours de quelques hommes seulement, et la faire descendre avec rapidité dans les plus basses eaux.

3°. Un Battoir pour le blé, qui fait agir 200 fléaux, par la force d'un seul homme, et 1000 par celle d'un cheval. L'auteur annonce cette machine comme devant produire sur les épis le même effet que les moyens qu'on emploie ordinairement pour en retirer le grain.

Ce citoyen déclare que ses facultés pécuniaires ne lui permettent pas d'en faire l'essai, et il offre d'en partager les fruits avec quiconque voudra faire les dépenses.

Ce citoyen, sans doute, serait un homme précieux pour la Compagnie que je propose, et il trouverait en elle des récompenses et des encouragemens qu'il attendra peut-être long-temps des particuliers. Cependant, si ces découvertes ont le succès annoncé, elles intéressent trop l'humanité, dans ce moment sur-tout où les bras manquent par-tout, pour ne pas désirer leur mise en activité. C'est tout-à-la-fois ce désir et celui de concourir à la récompense que l'Auteur doit espérer du Gouvernement, qui m'a fait placer cette note ici.

Voilà une des occasions où la Compagnie pourroit rendre des services importans.

en sa faveur, une exception. Le Gouvernement ne doit pas balancer à accorder un privilege, si c'est là l'unique moyen de donner à la découverte dont il s'agit, le plus haut degré de perfection et d'utilité publique.

Les Anglais, qui ont adopté les privileges d'invention, ne les accordent, depuis quelque temps, que d'une très-courte durée : voici un exemple de ce qui se passe chez eux, et l'on verra comment les auteurs d'une découverte, savent tirer le meilleur parti possible de la faveur passagere qu'ils ont obtenue.

Lorsque les Fabricans qui avaient imaginé les boutons d'acier pour habits, eurent établi leur fabrication, ils en firent leur déclaration à la chancellerie, qui leur accorda un privilege exclusif pour deux années ; ils firent fabriquer dans le secret une très-grande quantité de boutons, et à l'expiration de leur privilege, ils les expédierent dans les différentes parties du monde, où cet article fut acheté à un très-haut prix.

Les premiers boutons étaient tous unis ; mais lorsque la fabrication fut libre, chacun chercha à enchérir sur les premiers essais, et cet objet fut porté au dernier degré d'agrément et de perfection. C'est ainsi que ces Manufacturiers industrieux et spéculateurs, perfectionnent les arts par la concurrence, et font des fortunes rapides aux dépens de tous les peuples.

Mais si les privileges sont abusifs, s'ils sont le fléau de l'industrie, il faut en remplacer les avantages par des récompenses tout aussi utiles à l'Inventeur ; dans certains cas, lui accorder une somme une fois payée ; mais le plus souvent, je le repete, des primes sur la fabrication.

C'est par de pareils moyens et par l'effet d'une sage concurrence, que le Gouvernement provoquera le génie des Artistes, ravivera les manufactures, et favorisera le commerce d'exportation, qui fait principalement la richesse de l'Etat.

ARTICLE XVIII.

RAPPORT des Manufactures du Département de Loire, avec le Commerce de France.

ON conçoit aisément que les manufactures de St. Etienne ont de grands rapports avec les arts méchaniques, puisqu'il n'en est aucun qui ne s'exerce avec des outils, ou des machines de fer, acier, et autres métaux. Il est tout aussi facile d'appercevoir qu'elles embrassent les choses les plus usuelles; mais ceux qui connaissent les différens genres de fabrication, peuvent seuls se faire une idée juste des ressources et des facilités qu'il est possible, si l'on adopte mes vues, de procurer à toutes les manufactures de France : celles qui peuvent paraître avoir le moins d'analogie, sont souvent celles qui en recevraient les plus grands secours. Les manufactures en soierie de Lyon sont de ce nombre ; les Fabricans en étoffes de soie se servent en effet d'un peigne à lame d'acier, dont la perfection contribue beaucoup à celle de la marchandise ; or, cet instrument, soumis d'abord, dans le grand établissement que je propose, à l'examen du Jury des arts, exécuté ensuite avec précision, acquerrait deux avantages ; l'un, de coûter moins ; l'autre, de valoir mieux.

Les métiers de bas sont faits en fer et acier : ils sont établis à Lyon par des Artistes qui, n'ayant aucun des grands moyens de fabrication, sont forcés de les porter à un prix très-haut.

Le métier ordinaire vaut, au moins, cinq à six cents livres en especes métalliques ; celui à maille fixe, dix-huit cents livres ; celui à chaîne, qui fabrique deux bas à la fois, en diverses couleurs, trois mille livres. (*) Il est bien peu d'Ouvriers qui puissent atteindre des prix aussi excessifs ; la plupart vendent leur travail à des Ouvriers plus riches, qui le marchandent ; il y a moins de concurrence ; l'activité et l'industrie sont paralysées.

(*) Les citoyens SARRAZIN, pere et fils, avaient imaginé un nouveau métier, qui recevait son action d'une manette, et dont on pouvait tirer de très-grands avantages. Ils se proposaient de publier leur découverte ; mais ces deux estimables citoyens ont été enveloppés dans la proscription générale qui a suivi le siege de Lyon, et ont été fusillés le même jour.

Ce

Ce que j'ai dit sur les manufactures de soierie peut s'appliquer à toutes les autres, puisque toutes emploient un plus ou moins grand nombre d'instrumens de fer : il seroit donc très-profitable au commerce de France de former, dans le Département de Loire, de grands ateliers qui pourvoiraient aux besoins de tous ceux qui sont établis ailleurs, avec économie, et dans le meilleur genre possible de fabrication.

Le Jury des arts, dont j'ai fait mention, ne pourrait qu'accélérer infiniment les progrès de nos manufactures. Je pense qu'il serait bien de placer, dans son laboratoire, des dessins, accompagnés de notes explicatives, dont je vais tenter d'esquisser ici le modele.

HORLOGERIE.

LES Génevois ont possédé long-temps exclusivement cette branche de commerce ; mais les troubles de cette petite république ont occasionné l'émigration d'une grande quantité d'Ouvriers. L'Empereur a voulu les attirer à Constance ; M. de VOLTAIRE avoit aussi tenté d'établir une manufacture d'horlogerie à Fernay ; mais c'est principalement dans le comté de Neufchâtel, que se sont fixés les Horlogers ; il se fabrique au Locle, et à la Chaudefond, une prodigieuse quantité de montres, en général très-imparfaites.

L'horlogerie, pour appartement, a été portée, à Paris, au plus haut degré d'agrément et de perfection ; on y confectionne, avec des mouvemens faits en Suisse, des pendules que les Anglais eux-mêmes ont admirées.

Le Département du Montblanc semble être désigné pour cette fabrication. Depuis très-long-temps, les habitans de Cluse, de la Bonneville et des environs, font des mouvemens qu'ils vendent à Geneve. Il serait extrêmement important de former en France des établissemens de ce genre, dans un moment où la nouvelle division des heures, des minutes et des secondes, offre aux Artistes éclairés les moyens de faire briller leurs talens (*).

(*) Le citoyen DESBLANC a imaginé à Lyon, il y a environ quinze ans, une nouvelle verge à rouleau, infiniment plus simple que celle que l'on connaissait, et dont les palettes conservent toute la dureté que leur a donnée la trempe : voici

POLI SUR MÉTAUX.

Les Anglais ont porté le poli de l'acier à la derniere perfection; parce qu'ils joignent, aux drogues les plus propres à ce travail, des tours à brosse, dont la vivacité contribue beaucoup à donner le plus grand éclat à leurs marchandises. Depuis quelque temps, il s'est élevé diverses manufactures, qui le disputent aux leurs; les drogues qu'ils emploient sont connues.

Il n'est donc question que d'établir des tours, pour polir aussi bien qu'eux.

RUBANS DE VELOURS.

Cet article se fabrique à Crevel, près de Dusseldorf, en Allemagne; cette manufacture est la seule connue; elle exporte ses marchandises en Suisse, en Italie, en Espagne, en France, et dans tout le Nord.

Rien ne doit être plus facile, que d'élever en France des manufactures en ce genre, puisqu'on fabrique déjà des étoffes en velours de soie, à Lyon; et en coton, à Rouen et dans d'autres villes.

comment cet Artiste ingénieux est parvenu à faire employer ses verges telles qu'ell sortent de sa fabrique, et sans qu'il soit besoin d'y toucher. Il a établi des calibr de tous les diametres des roues de rencontre qui peuvent entrer dans la compo sition d'une montre, depuis le N°. 1, jusqu'au N°. 37; et sur cette base, il monté sa fabrique de verges, de maniere que si, par exemple, on lui demanda de Pétersbourg ou de Berlin, une verge pour roue de rencontre, N°. 15, de dents, on serait sûr de la recevoir prête à être posée, comme si elle avait dé servi à la montre pour laquelle on l'aurait destinée; au lieu que les autres verg ont des palettes plus grandes, que chaque Horloger est obligé de réduire, po les ajuster aux roues; ce qui les détrempe et les rend d'un moins bon usage. L citoyen Desblanc fait des envois à Paris, à Londres, à Geneve et en Suisse personne n'a encore pu imiter sa fabrication, ni découvrir son secret : ce qui e d'autant plus extraordinaire, qu'il occupe journellement vingt-quatre femmes. To est ingénieux dans sa petite manufacture, jusqu'au mode de payement adopté po les ouvrieres. Comme les verges qu'il faut adoucir et polir, sont très-fragiles, donne 3 sous pour chaque verge, livrée en bon état, et en retient cinq pour toute celles qu'on lui remet cassées.

AIGUILLES A COUDRE.

LES plus estimées viennent d'Angleterre ; il y a des manufactures de ce genre à Aix-la-Chapelle, qui ont pris, depuis quelque temps, une grande consistance, et la fabrication approche celle des Anglais. Il existe aussi des fabriques d'aiguilles à Nuremberg et dans les environs, qui se vendent 28 ou 30s. le mille ; mais elles sont très-communes, et souvent on en trouve dans les paquets qui ne sont pas percées : cet article s'exporte par-tout.

C'est la matiere qui a toujours manqué en France, pour cette fabrication ; nul doute, qu'avec de bons aciers, nous ne rivalisions, avec succès, les aiguilles d'Angleterre.

Il est aisé de sentir que les apperçus que je viens de donner, sont susceptibles de beaucoup d'extension et de développement. Les tableaux que je souhaiterais qu'on mît sous les yeux du Jury des arts, établi dans le Département de Loire, indiquant l'état des manufactures du monde entier, leurs divers degrés d'importance, les vices de leur organisation, les moyens d'y remédier, les lieux d'importation et d'exportation, formeraient, avec le temps, une collection complette, une sorte d'Encyclopédie, que nos Artistes étudieraient, et qui servirait à diriger leurs expériences.

Enfin, le rassemblement, dans le Département de Loire, de toutes les machines nécessaires, inspirera infailliblement le goût des découvertes et des essais, dont les résultats hâteront l'époque où le Commerce et les Arts seront portés en France, au degré de richesse et de splendeur que réclame le génie ardent et fertile de ses habitans. Rien, à mon gré, n'y contribuerait davantage, qu'un réglement général, en vertu duquel chaque grande manufacture aurait, en résidence fixe auprès du Jury des arts que j'ai proposé, un Député instruit, qui rendrait compte à ses Commettans des procédés et des travaux dont il serait témoin.

Il y a en France beaucoup d'ouvrages très-instructifs sur les arts et métiers. Dans les Mémoires lus à la ci-devant Académie des sciences, il s'en trouve de très-savans, et dont les résultats pourraient être très-avantageux ; mais personne ne s'occupe de mettre en pratique ces connaissances, et elles ne nous sont pas, dans l'état actuel des choses, plus utiles que si elles n'existaient pas. Au lieu que le Jury des arts, que je propose, sera dans une continuelle activité.

Il faut enfin le dire sans aucun détour ; le commerce et les arts ne jettent plus, parmi nous, qu'un reste de clarté prêt à s'éteindre ; semblables à ces fleuves, qui tendent à s'ouvrir un nouveau lit. Pour peu que nous tardions encore, nous courons le risque de les voir porter ailleurs leur salutaire influence. Nous n'avons pas un instant à perdre pour les retenir, et, par conséquent, pour exécuter des vues dont j'ose affirmer que le succès surpassera l'attente du Gouvernement, parce qu'elles embrassent, non-seulement les abus qu'il s'agissait de détruire, mais encore les avantages qu'il importe de créer, si nous voulons que ces mêmes Nations, que repoussent nos armes, deviennent à jamais tributaires de notre-industrie.

ARTICLE XIX.

MOYENS d'exécution des Etablissemens que je propose. Apperçu de leur économie.

LE plus grand nombre des établissemens utiles qu'on a voulu, jusqu'à ce jour, élever en France, n'a pas réussi ; parce que ce sont presque toujours des individus qui les ont entrepris ; que le Gouvernement ne les a pas même favorisés, et qu'on les a commencés de la maniere dont on eut dû les finir.

Les fonds destinés aux entreprises sont le plus souvent employés, par une ostentation mal-entendue, à construire de superbes bâtimens. Ce luxe désordonné consume les ressources de l'entrepreneur, et faute d'avoir consulté l'expérience, son établissement, devenu ruineux pour lui languit et tombe, san avoir produit aucun avantage.

De quelque importance que soit celui que je propose, je désirerais qu'on ne construisît d'abord que des cabanes de bois, et qu'on renvoyât toutes les édifications qui, plus coûteuses, ne seraient pas d'une absolue nécessité au moment où elles pourraient être faites avec le produit des bénéfices. Alors on aura l'avantage de connaître, par l'expérience, les genres de construction les plus propres à la chose, d'éviter toutes les méprises, et de se renfermer dans les objets d'une absolue nécessité. Ainsi, en employant, avec une sage économie, les fonds que le Gouvernement destinera aux premiers essais de l'entreprise projetée, elle recevra graduellement, et à peu de frais, toute l'étendue dont elle est susceptible.

D'ailleurs, la nature offre, dans le Département de Loire, tout ce qui est nécessaire à l'établissement des manufactures sur métaux ; l'art ne doit ici que la seconder avec intelligence, pour en obtenir les plus heureux succès.

Il me parait que, vu la rigueur des circonstances, les secours pécuniaires du Gouvernement pourraient se borner à un prêt de vingt millions, *sans* intérêt, pendant vingt ans, et dont le remboursement serait effectué, par parties égales, dans les cinq dernieres années ; ces vingt millions seront fournis en fer, cuivre, et autres matieres qui peuvent exister en approvisionnemens dans les magasins de la République, où ils ne seront plus utiles, et ce aux prix de 1789.

Il faut encore que le Gouvernement honore cette entreprise de sa protection paternelle ; que la Société qui s'y livrera, trouve cette protection consacrée dans une déclaration solemnelle du Corps Législatif et du Directoire Exécutif. Il faut que les Administrations départementales de Rhône et Loire soient spécialement chargées d'activer ces établissemens naissans, par tous les moyens qui sont en leur pouvoir, et de prendre des arrêtés provisoires dans toutes les affaires urgentes, que les retards compromettraient ; il faut que le Gouvernement transmette à la Société la faculté que lui donne la Constitution, d'acquérir, avec une juste indemnité, les emplacemens qui lui seront nécessaires ; et pour rendre, à cet égard, toute la justice possible aux individus dont on serait forcé de prendre ou d'entamer l'héritage, on les admettrait à se faire délivrer des actions dans l'entreprise, jusqu'à concurrence du prix qu'ils auraient droit de répéter. Enfin, il paraîtrait convenable que l'Etat désignât un Ingénieur éclairé pour surveiller et diriger les constructions.

Avec ces secours, moins pécuniaires que protecteurs, il se formera, n'en doutons pas, une grande association de Négocians et Artistes qui, sur la foi du commerce et de l'organisation que j'ai présentée, s'empresseraient d'y concourir.

En général, les nouveaux établissemens font attendre long-temps les premiers produits et les premiers bénéfices ; mais les moyens d'exécution dans les manufactures du Département de Loire, sont si naturels et si faciles, que dès le premier mois du traité, il y aura des expéditions faites, dans les Ports, de tous les articles ordinaires; et dans les deux mois suivans, les constructions les plus urgentes pour établir les canons en fer forgé, pourraient mettre en activité cette importante fabrication.

Si tous les articles relatifs à la marine, dont j'ai parlé dans ce mémoire, étaient fournis au Gouvernement à des prix fixes, je présenterais en ce moment le tableau des nouveaux prix, auxquels la Société établie dans le Département de Loire, pourrait se borner, et l'on serait, à coup sûr, frappé de leur prodigieuse différence avec les prix anciens (*). Mais

---

(*) Je vais citer deux faits qui viennent à la preuve de ce que j'ai annoncé. En 1791 l'Administration de la marine du port de Toulon, fit un marché avec un Citoyen pour la fourniture d'environ cinq cents articles en serrurerie, quincaillerie et outils. D'après la progression du prix de toutes les marchandises, le Négociant demanda, en 1792, la résiliation de son marché, ou une augmentation de 50 p. $\frac{0}{0}$.

Les Administrateurs mirent cette adjudication à l'enchere; mais personne ne se présenta. Alors, pour ne rien faire qu'en connaissance de cause, ils écrivirent à Marseille, Lyon et St. Etienne.

Sur ces informations, je me rendis à Toulon; j'y pris connaissance d'une collection de modeles des différens objets à fournir, et du marché qui avait été fait. Loin de demander aucune augmentation sur les prix fixés en 1791, j'offris de faire les fournitures à 10 pour cent de rabais sur ces prix. On jugo que mon offre qui présentait un bénéfice de 60 pour cent au Gouvernement, fut accueillie; et je passai un marché, dans lequel mes moyens de fabrication me fesaient trouver quelques bénéfices, tandis qu'un autre aurait perdu.

Le 12 pluviose dernier, le Ministre de la marine a fait un marché pour la fourniture de clous d'un de nos ports, avec les premiers Fabricans en ce genre. Je ne doute point que le Ministre n'ait apporté la plus grande attention à ce traité, et que les Négocians avec qui il a été consenti, n'ayent fait tout ce qui était en leur pouvoir pour favoriser le Gouvernement. Cependant, pour prouver l'avantage des grandes manufactures, j'offrirais de faire fournir, par celle que je propose tous les clous nécessaires à la marine, à 25 pour cent au-dessous des prix stipulé dans le marché que je viens de citer; et pour que l'on ne regarde pas ce que je dis comme problématique, je déclare que je suis prêt à prendre personnellement cet engagement.

Ces deux exemples suffisent pour donner au Gouvernement l'espoir, disons mieux la certitude d'une économie immense, s'il adopte ce que je lui propose.

cette comparaison ne peut pas se faire, puisque le Gouvernement n'est pas dans le cas de connaître le prix que lui coûte la plus grande partie de ces objets. Il suffira, du moins, de réfléchir sur toutes les ressources qui se présentent dans le Département de Loire, pour sentir que le Manufacturier peut y fabriquer avec beaucoup de célérité, d'économie et de perfection.

Au surplus, il s'agit moins ici de créer de nouveaux établissemens, que de raviver ceux qui existent, et de leur donner, par des moyens faciles, toute l'utilité qu'ils peuvent acquérir.

RÉFLEXIONS GÉNÉRALES.

J'ESPERE que ceux qui voudront méditer, avec attention, les vérités utiles que je viens de mettre sous les yeux du Gouvernement, en sentiront toute l'importance.

Quelles que soient leurs opinions sur la révolution Française, les hommes justes et sans passion, conviendront avec moi, que, sous l'ancien Gouvernement, les meilleurs projets et les plus utiles entreprises, étaient toujours entravées par des intérêts particuliers.

Si l'un de ces hommes, en qui l'étude et le travail avaient développé les dons de la Nature, présentait aux Administrations le plan qu'il avait conçu, combien de dégoûts n'avait-il pas à dévorer! Il était admis, avec beaucoup de peine, auprès d'un sous-ordre; celui-ci, souvent inepte, parcourait son Mémoire avec distraction, le lui rendait avec dédain, ou le gardait dans son porte-feuille, sans l'avoir lu. L'homme de génie, modeste mais fier, ne s'exposait pas une seconde fois à être humilié, et voyait s'évanouir ses plus cheres espérances.

Mais si par hazard l'Auteur ne se rebutait pas, s'il obtenait que son affaire fût portée à l'Administrateur en chef, on lui nommait ordinairement des commissaires, dont il fallait mettre à prix le suffrage, sous peine d'être victime d'une décision rendue sans appel, comme sans connaissance de cause. L'Artiste, qu'on avait arbitrairement éconduit, était alors bien pardonnable d'aller chercher ailleurs la justice, que dans son propre pays, on lui refusait. C'est ainsi que périssent, en naissant, les plus heureuses découvertes, lorsque les loix ne tendent pas à les protéger.

De tels inconvéniens sont exclus par la Constitution ; la manifestatio de ses pensées est le premier droit de l'homme libre. En discutant , pa la voie de l'impression , un projet avantageux , on forcerait l'assentiment l'intervention et l'appui du Gouvernement , quand même ses devoirs lu seraient moins sacrés , et qu'on ne trouverait pas, dans ses proclamation paternelles , la preuve la plus incontestable de l'excellence et de la puret des vues qui le dirigent.

Nul motif d'intérêt personnel ne m'a fait écrire et publier le préser Mémoire. Tous mes vœux sont pour la prospérité de l'Etat ; et si , de l'adop tion des vues que je propose , il résultait , ainsi que j'en ai la convictio la plus intime , que les autres nations devinssent , sans exception , n tributaires , je jouirais de l'unique récompense que j'ai ambitionnée. Mais comme j'ai fait à la marine des fournitures considérables , et qu'on sup poserait peut-être qu'elles m'ont valu des bénéfices , dont le souvenir influé sur des projets d'établissement , auxquels je souhaiterais qu'on m'a sociât , il est bon que j'instruise ceux de qui je ne suis pas suffisamme connu , que , partant des marchés conclus , et des prix fixés avec le Gou vernement , en 1791 , j'ai fourni , à dix pour cent de rabais , jusqu l'époque de la loi désastreuse du *maximum ;* ce qui , par la dépréciati rapide de notre signe monétaire , m'a constitué en des pertes dont je pen que le tableau causerait quelque étonnement ; que , pour prix de m désintéressement , et de ma fidélité , arrêté à Toulon vers le milieu de 179 traîné de cachots en cachots , à la Commission d'Orange , où l'on m'e assassiné , comme tant d'autres , sans les événemens de Thermidor ; l honorables attestations délivrées en ma faveur , par les Administrations d ports que j'ai servis , ont compensé pour moi , les maux qu'on m'a fa souffrir ; et je me sentais consolé d'être mis à mort par les bourreaux Robespierre , puisque j'avois obtenu justice des honnêtes gens (*).

(*) En Prairial , 2e. année , la Commission révolutionnaire établie à Lyon , d clara qu'elle avait puni tous les coupables , et qu'elle cessait ses fonctions. Alo les Sections délivrerent des certificats , portant qu'on n'était point compris sur liste des rebelles. J'obtins le mien , et je me rendis à Toulon , pour y reprend un service dans lequel , j'avoue bien franchement qu'il était mal-aisé qu'on n suppléât. L'Administration visa , dans les termes les plus obligeans , la pétition q je lui présentai ; et je contractai avec elle , d'après la Loi du *Maximum* , de nou veaux engagemens.

L

Les instances qu'on me fait aujourd'hui, pour continuer des fournitures, dans lesquelles on me mande que je peux rendre des services importans à la marine, me font éprouver plus de plaisir, que mes pertes ne m'ont occasionné de chagrin.

Les bornes de ce Mémoire ne m'ont pas permis d'entrer dans tous les détails de fabrication, dont plusieurs auraient été d'un grand intérêt pour le public : comme, par exemple, de fondre le fer et l'acier, au lieu de les forger, et les rendre ensuite malléables à la lime. Sans être Manufacturier, l'on conçoit aisément combien les résultats que l'on peut obtenir de ces procédés, peuvent être grands est intéressans, sur-tout sur les ouvrages chargés d'ornemens, et sur ceux qui, dans leurs usages, n'ont pas besoin d'une grande résistance ; car, quelques procédés que l'on puisse employer pour adoucir le fer fondu, il y aura toujours une différence énorme, entre sa ténacité et celle du fer forgé.

J'aurais pu donner les espérances les plus flatteuses à tous les bons

---

Les Représentans en mission à Lyon, à qui mes pieces furent communiquées, ordonnerent la main-levée des scellés mis sur mon domicile. Ils furent levés, en effet, pour vingt-quatre heures seulement. Telle était l'anarchie qui régnait alors, que le Comité révolutionnaire de ma Section, fâché sans doute, de n'avoir pas été consulté pour la levée de mes scellés, jura alors ma perte, les fit remettre de sa seule et pleine autorité ; quoiqu'à vrai dire, ce qui restait encore à prendre valût à peine qu'on le regrettât. On excita des hommes vils ou faibles, à me dénoncer comme coupable d'anti-civisme et de rebellion. Je fus arrêté, ainsi que je l'ai déjà dit. Du fond de mon cachot, j'adressai une pétition à l'Administration de la marine, dans laquelle, lui retraçant mes services, pour m'en faire, s'il se pouvait, un moyen de salut, j'établissais, par l'état comparatif de mes fournitures, avec le prix de celles du même genre qu'elle avait tirées d'ailleurs, que les miennes lui coûtaient cent, deux cents, trois cents pour cent de moins ; différence qui, pour être incroyable, n'en est pas moins réelle. Cette pétition fut visée dans les termes qui suivent.

« Lecture prise de la pétition ci-dessus, l'Administration de la Marine en certifie » le contenu, en ce qui concerne la différence des prix qui y sont mentionnés.

» Le citoyen GUILLIAUD, désirant une attestation de la maniere avec laquelle il » a toujours rempli ses engagemens, elle réitere en sa faveur le témoignage qu'elle » lui a déjà donné, de son zele pour le service. Elle convient encore, qu'en ce » moment de besoin, elle desirerait que les concitoyens de ce fournisseur, à » Commune-Affranchie, n'eussent point de reproches à lui faire, vu qu'il lui serait » difficile de le remplacer ».

Français, sur les résultats qu'obtiendra indubitablement le Jury des arts; sur la composition des différens airains, du tombac, du similor, du cuivre blanc, de l'or de Manheim, du cuivre-or, et des bronzes d'Egine et de Délos, employés à Rome par MYRON et POLYCLETE.

J'aurais encore pu prouver, d'une maniere plus sensible à tous les esprits, que de la réunion des Négocians et Artistes, que j'ai indiquée, il est permis d'espérer que nous obtiendrons le *nec plus ultrà* des connoissances humaines en commerce et manufactures : c'est à cette réunion sans doute, qu'il es réservé de retrouver la fameuse composition de l'airain de Corinthe, (* qui s'est perdue.

Enfin j'aurais pu m'étendre sur la mise en œuvre de l'or et de l'argent que déjà l'on emploie à S. Etienne, en garnitures de fusil et pistolet fondues et cizelées (**).

Le grand empressement que j'ai mis à présenter le plutôt possible mes vue au Gouvernement, m'a déterminé à livrer mes feuilles à l'impression à fur e mesure que je les ai composées ; il en est nécessairement résulté, que j n'ai plus été à temps de placer les nouvelles idées qui me sont venues, e continuant mon ouvrage. Par exemple, j'ai bien désigné, page 3, comm objets principaux, tous les articles que la Compagnie pourra fournir la marine nationale, mais je n'ai pas dit un mot des services qu'elle pourr rendre aux autres parties du service public ; par exemple :

POUR L'ARTILLERIE.

Toutes les pieces de siege, de campagne et volante ; tous les sabre et pistolets de ceinture, dont sont armés les canonniers.

Tous les boutons d'habits, boucles de soulier, de jarretieres, et tire-bou tons nécessaires à leurs habillemens.

Toutes les parties de fer qui entrent dans la composition des affûts, de chariots, caissons, forges de campagne, grilles à boulets, et autres trai d'artillerie.

(*) Ce métal était si merveilleux, et les ouvrages qui en étaient fabriqués étaie si recherchés, que VERRÈS fut proscrit par ANTOINE, pour avoir mis obstinéme l'enchere sur des vases de Corinthe, que ce Consul Romain voulait avoir.

(**) Il se fabrique à St. Etienne, pour la Turquie, Alger, Tunis, et divers Princ des Indes, des Armes à feu, et sur-tout des pistolets garnis en or, en argent diamans ; ce qui, joint aux travaux de l'art, en porte le prix à des somm très-élevées.

Tous les agrès pour les pontons, tous les chevaux de frise, généralement tous les outils à Pionnier, Charpentier, Menuisier, Tonnelier, Tourneur, Serrurier, Mineur, Artificier, Maréchal, et mille autres objets de quinquaillerie, trop longs pour être décrits ici.

POUR LA CAVALERIE.

Tous les mousquetons, sabres et pistolets, tire-bourres, tournevis, porte-mousquetons, nécessaires à l'armement de chaque cavalier.

Tous les mors de bride, étriers, éperons, étrilles, brosses, et boucles de harnais, nécessaires à l'équipement des chevaux.

Tous les boutons d'habit, boucles de jarretiere, et autres objets métalliques, nécessaires à l'habillement de chaque dragon ou cavalier.

POUR L'INFANTERIE.

Tous les fusils, sabres, hausse-cols, tire-bourres, tournevis, nécessaires à l'armure de chaque fantassin.

Toutes les boucles de soulier, de jarretiere, tous les tireboutons, et boutons d'habit.

POUR TOUTES LES ARMEÉS.

Tous les objets utiles au service des Hôpitaux ; tous les instrumens de chirurgie, ainsi que tous ceux qui sont nécessaires aux Ingénieurs des fortifications. En un mot, généralement tous les objets fabriqués avec des métaux, et toujours sur des modeles uniformes, et sur lesquels la Compagnie proposerait au Gouvernement les changemens qui faciliteraient le service, ou qui diminueraient sa dépense.

Dans l'état actuel des choses, l'homme éclairé et ami de son pays, gémit avec moi, de voir tout à la fois, le prix énorme que la Nation paye tous ces objets, et sur-tout les mauvaises marchandises que ses agens sont obligés de recevoir, pour ne pas faire manquer le service, et sans que cela puisse même être autrement, tant qu'il n'y aura point des modeles arrêtés, et que la fabrication ne sera pas centralisée (*).

(*) Voici les moyens que le Gouvernement emploie, depuis le commencement de la guerre, pour s'approvisionner de ces différens objets.

Pendant l'existence de l'agence de l'habillement et équipement des Troupes, les préposés de cette agence se procuraient des échantillons dont ils faisaient

CONCLUSIONS.

JUSQU'A ce jour, des vexations de tout genre, des entraves de tout espece, se sont opposées parmi nous, aux progrès de l'industrie com merciale : il s'agit de l'activer, par des moyens aussi sûrs qu'ils seror prompts.

---

constater la qualité et déterminer le prix ; ils recevaient ensuite les commissioi de différens Fournisseurs, et le prix étant débattu, la soumission de celui qu feisait la condition la plus avantageuse à la République, était définitivemei acceptée.

Les fournitures étaient faites à des époques déterminées par le marché, e versées dans les magasins généraux, après avoir été examinées, vérifiées et reçue par des Experts nommés à cet effet, et à chaque époque, par la Municipalit Ces Experts rédigeaient un procès-verbal, et c'est sur cette piece que les Fou nisseurs étaient payés.

Depuis la suppression des agences, les Commissaires-Ordonnateurs des guerre en chef près les armées, et les Commissaires-Ordonnateurs divisionnaires secondés par les Inspecteurs-généraux de l'habillement des troupes, sont charge de recevoir les soumissions, et passer les marchés.

Il est aisé de concevoir tous les inconvéniens qui peuvent résulter de cett marche incertaine, combien elle prête à l'arbitraire, et que les modeles n'étar point uniformes, il peut et doit même arriver souvent, qu'un article d'une qualit et d'une forme déterminée, est accepté à telle armée, et rejeté à telle autre.

L'on conçoit également que, quelque probes et éclairés que sont les Citoyer chargés de ce service, il est cependant possible qu'ils n'ayent pas toutes les cor naissances nécessaires pour juger par eux-mêmes, et faire le prix de plusieurs objets d détail : tels, par exemple, que des éperons, des mors de bride, etc. et qu'ils peuver par conséquent être dupes de l'intrigue et de la mauvaise foi, ou forcés, par le circonstances pressantes du service, à accepter telles ou telles conditions, quoiqu bien convaincus qu'elles sont préjudiciables aux intérêts de la République.

Tous ces inconvéniens, au contraire, disparaissent, si l'on suppose une grand Compagnie chargée de faire fabriquer, sur des modeles uniformes, et de fournir, des prix réglés par le Gouvernement lui-même, tous les articles en métal, né cessaires aux armées. Les approvisionnemens préviendraient toujours les besoins et l Gouvernement pourrait s'assurer de la qualité et de la perfection de la fa brication de chaque objet, etc.

Toutes les forges de notre marine sont vicieuses ; il est facile de les améliorer.

Nous pouvons remplacer notre artillerie actuelle, par une artillerie plus solide, plus légere, moins coûteuse, et dont les matieres premieres sont en notre possession.

Les Anglais sont nos plus implacables ennemis ; plusieurs de leurs marchandises sont préférées aux nôtres : il faut leur arracher cette fatale prééminence, et que nos Négocians leur inspirent autant de terreur que nos soldats.

Le meilleur charbon de terre connu, est celui qu'on extrait des inépuisables mines du Département de Loire, où, de plus, coulent deux fleuves qui communiquent aux deux mers. Qu'une Société savante et philantropique aille y présider, avec la sanction et sous l'égide du Gouvernement, les grands établissemens que la nature veut qu'on y forme, et tous les effets que j'annonce seront produits à l'instant même.

Il m'est permis sans doute, de me laisser aller aux espérances les plus flatteuses, sur la mise en œuvre que je propose, de tous les métaux, puisque le Directoire exécutif vient de donner la plus grande latitude au Ministre de l'intérieur, pour réactiver les manufactures et établissemens de commerce (*).

(*) Les amis des Arts ont vu, avec le plus grand intérêt, dans le Journal du Commerce, N°. 286, du 19 Floréal, ce qui suit :

Le Directoire Exécutif au Ministre de l'intérieur.

. . . . . . Substituez aujourd'hui l'olivier de la paix au flambeau de la guerre civile, et faites relever, sous son abri tutélaire, les ateliers, les manufactures et les établissemens de commerce et d'industrie. Cette tache honorable, que le Directoire vous impose, est digne de votre activité et de votre zele ; elle sera douce à votre cœur.

Le Directoire s'en repose entiérement sur vos soins, pour réparer les maux affreux qui ont désolé la Vendée et les Departemens qui l'avoisinent ; et en attendant que vous lui ayiez proposé des moyens efficaces de parvenir promptement à ce but satisfaisant, il vous autorise à faire distribuer aux habitans régenérés de cette partie de la République, les instrumens aratoires les plus indispensables pour remonter les travaux de la culture, et rappelier parmi eux la fertile abondance.

CARNOT, *Président.*

LAGARDE, *Secrétaire.*

ENVOI AU DIRECTOIRE.

CITOYENS DIRECTEURS,

JE vous présente, et, par vous, à la Nation Française, un Mémo dont je crois pouvoir m'honorer à vos yeux, par l'importance et la nat des vérités qu'il contient. Veuillez le soumettre à des Négocians, à Artistes éclairés, pour qu'ils vous en fassent leur rapport; comme aussi communiquer aux Ministres de la guerre, de la marine, des finances de l'intérieur, afin que chacun d'eux, dans la partie d'administration co fiée à ses soins, vous donne son opinion particuliere.

Il n'est pas ici question d'un intérêt d'Auteur, mêlé à quelques vues bien public; il s'agit de propositions qui, dues uniquement à mon amo de la patrie, doivent influer sur les destinées d'un peuple qui, le premier de l'Europe, par l'éclat de ses armes, peut prétendre également à le deve par le Commerce et par les Arts. La guerre épuise la Nation qu'elle illu tre: ce sont les arts qui réparent ses pertes, en lui procurant une au gloire, moins brillante sans doute; mais plus douce, mais plus profitab et chere sur-tout à l'humanité.

Diminuer les dépenses de l'Etat; augmenter ses ressources; rendre jamais ses ennemis vaincus tributaires de son industrie; en un mot, fon sa prospérité sur des bases immuables; tel a été mon vœu; tel a été le b de mes efforts. Leurs succès seront ma récompense, et c'est à ce titr CITOYENS DIRECTEURS, que l'hommage de l'ouvrage qu'ils ont produit, n paru digne de vous.

Lyon, 11 Prairial, 4e. année Républicaine.

Salut, Fraternité, et respect.

GUILLIAUD.

N. B. Je n'ai pu traiter des manufactures de St. Etienne, sans songer à celles de Lyon, ma patrie adoptive. Je préviens que mon travail sur les dernieres est commencé. Je l'ai divisé en quatre parties.

Je tracerai, dans la premiere, le caractere national des Lyonnais, si long-temps et si cruellement calomniés auprès de la Convention et du Gouvernement. J'y prouverai, par des faits sans réplique, qu'ils sont industrieux, entreprenans, soumis aux loix, probes et courageux.

J'expliquerai, dans la seconde, les causes de l'ancienne splendeur de leur commerce, fondée sur l'heureuse position de leur ville (*).

J'assignerai, dans la troisieme, celles de sa décadence.

Dans la quatrieme, j'indiquerai les moyens que je crois les plus sûrs pour en opérer le prompt rétablissement.

Ce plan, tout vaste qu'il m'a paru, n'a point intimidé mon zele. J'ai l'espoir de le remplir avec quelque succès, si, sur-tout, il m'est permis de puiser de nouveaux motifs d'encouragement dans les marques d'approbation que j'attends, à l'occasion du Mémoire que je publie aujourd'hui.

Tout nous annonce, non-seulement que la nécessité de rétablir nos manufactures est généralement sentie, mais qu'on ne veut pas tarder davantage à s'en occuper; puisque déjà, sur le rapport du Représentant Couppé (de Loise) le Conseil des 500 délibere qu'il sera tenu des fonds pour cet objet, à la disposition du Ministre de l'intérieur, Benezech, Citoyen non moins instruit que bien intentionné, et dont l'éloge est prononcé par toutes les bouches, parce qu'il est dans tous les cœurs.

Je souhaiterais qu'on demandât à toutes les villes de commerce:

1°. Ce qu'était leur commerce avant la révolution.

2°. Ce qu'il est devenu depuis.

3°. Quels sont les moyens de le régénerer.

4°. Quelles sont les consommations intérieures et extérieures.

(*) C'est sans doute le cas de dire ici que, ce que veut la Nature, les hommes peuvent le contrarier, mais non l'empêcher d'être. Je prouverai qu'en vain l'empereur Sévere d'abord, et les Sarrazins ensuite, avaient porté le fer et la flamme dans la ville de Lyon; que, deux fois détruite, elle s'était relevée deux fois plus opulente et plus belle. Si donc le Décret féroce, qui la condamnait à être démolie, eût eu son entiere exécution, il est permis d'affirmer que, semblable au Phénix qui renaît de ses cendres, ce qu'elle fit après les Sarrazins et Tibere, elle l'eût fait encore après Robespierre et les Terroristes.

Non que le moment actuel soit favorable pour des secours pécuniaires ; mais il en est d'autres, non moins efficaces, qu'on pourrait accorder de suite ; et l'examen réfléchi des mémoires qui parviendraient au Gouvernement, le mettrait en mesure, dès que la guerre finirait, de prodiguer à nos manufactures, tout ce qu'exigent leurs besoins et l'intérêt de leur prospérité.

Si toutes ces choses se font, leGouvernement pourra se reposer alors sur les Manufacturiers et Négocians, du soin de faire reparaître notre numéraire.

L'AUTEUR de ce Mémoire, qui n'entend retirer de sa distribution aucun bénéfice personnel, prévient qu'il se vend au profit de l'Hospice des Vieillards et Orphelins de cette Ville, chez les Citoyens ci-après nommés :

BRUYSET ainé et Ce., CIZERON, GUY et BRUNOT fils, } Libraires, rue St. Dominique.

PÉRISSE, freres, ROSSET, } Libraires, rue Merciere.

LECLERC et Ce., Libraire, Place des Terreaux.

Au Bureau de l'Hospice, rue de la Charité.

ERRATA.

Au commencement de la page 22, il a été oublié la ligne ci-après.

Les trois batteries d'autre part pesent . . . . 424,744 l

Au folio 23, idem, du calibre de 26, *lisez* 24.

A LYON, de l'Imprimerie de LOUIS CUTTY, Place et Maison de la Charité.

www.ingramcontent.com/pod-product-compliance
Ingram Content Group UK Ltd.
Pitfield, Milton Keynes, MK11 3LW, UK
UKHW022121190726
13855UKWH00003B/990